焊接加工

主　编　王小兵
副主编　方显明

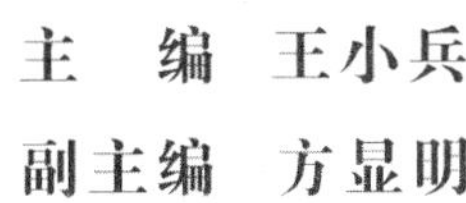

图书在版编目（CIP）数据

焊接加工/王小兵主编．—长春：吉林大学出版社，2019．5

ISBN 978-7-5692-4793-0

Ⅰ．①焊…　Ⅱ．①王…　Ⅲ．①焊接工艺—职业教育—教材　Ⅳ．①TG44

中国版本图书馆CIP数据核字（2019）第096757号

书　　名： 焊接加工

HANJIE JIAGONG

作　　者 王小兵　主编

策划编辑 吴亚杰

责任编辑 吴亚杰

责任校对 张宏亮

装帧设计 林　雪

出版发行 吉林大学出版社

社　　址 长春市人民大街4059号

邮政编码 130021

发行电话 0431—89580028/29/21

网　　址 http://www.jlup.com.cn

电子邮箱 jdcbs@jlu.edu.cn

印　　刷 长春第二新华印刷有限责任公司

开　　本 787mm×1092mm　1/16

印　　张 12

字　　数 250千字

版　　次 2019年5月第1版

印　　次 2019年5月第1次

书　　号 ISBN 978-7-5692-4793-0

定　　价 56.00元

印　数 300

编 委 会

主　编：王小兵

副主编：方显明

参　编：周俊洁　施辰晨　鲍雨晨

前　言

焊接加工是中等职业学校焊接技术专业的一体化课程，是为了使学生掌握从事机械加工类企业中焊接工作所必备的知识和基本技能。为了进一步加强职业教育教材建设，满足现阶段职业院校焊接专业对教材的需求，结合该专业的发展状况和职业教育特点，按照专业教学目标和职业技能鉴定要求而编写的。

本书的编写立足于基本知识、基本工艺、基本技能的传授与训练，分别介绍了焊条电弧焊、二氧化碳气体保护焊、手工钨极氩弧焊、气焊与手工气割等操作技术。本书为焊工考取各种证书提供了学习途径。主要体现在以下几方面：遵从职业教育学生的培养目标和认知特点，在突出应用性、实践性的基础上重组课程结构，更新教学内容体系，教材结构向“理论浅、内容新、应用多和学得活”的方向转变，融入国家职业技能鉴定中的理论知识点，注重实践教学，注重操作技能培养。

本书由金华市技师学院王小兵老师主编，方显明老师副主编，周俊洁、施辰晨、鲍雨晨老师参编。全书共四个焊接训练项目，分别是：焊条电弧焊技能训练、二氧化碳气体保护焊技能训练、手工钨极氩弧焊技能训练、气焊与气割技能训练。

本书在编写过程中得到了学校和相关人员的大力支持和热情帮助，并为本书提供了资料，在此表示衷心感谢！由于编者水平有限，加之编写时间仓促，书中难免存在疏漏和不妥之处，敬请使用本书的教师和广大读者批评指正。

目　录

项目一　焰条电弧焊技能训练 …… 1

任务 1.1　低碳钢板平敷焊 …… 1

任务 1.2　低碳钢板 I 形坡口平对接焊 …… 8

任务 1.3　低碳钢板平位角焊 …… 14

任务 1.4　低碳钢板 V 形坡口对接平焊 …… 22

任务 1.5　低碳钢板 V 形坡口对接立焊 …… 29

任务 1.6　低碳钢板 V 形坡口对接横焊 …… 40

任务 1.7　低碳钢板 V 形坡口对接仰焊 …… 46

任务 1.8　管对接焊 V 形坡口水平固定管焊 …… 54

任务 1.9　低碳钢板管板俯位焊 …… 61

项目二　二氧化碳气体保护焊技能训练 …… 67

任务 2.1　低碳钢板平敷焊 …… 67

任务 2.2　低碳钢板平角焊 …… 72

任务 2.3　低碳钢板 V 形坡口对接平焊 …… 77

任务 2.4　低碳钢板 V 形坡口对接立焊 …… 82

任务 2.5　低碳钢板 V 形坡口对接横焊 …… 87

项目三　手工钨极氩弧焊技能训练 …… 92

任务 3.1　低碳钢板平敷焊 …… 92

任务 3.2　低碳钢板 I 形坡口对接平焊 …… 97

任务 3.3　低碳钢板 V 形坡口对接平焊 …… 101

任务 3.4　低碳钢板 V 形坡口对接立焊 …… 106

任务 3.5　低碳钢 V 形坡口水平固定管焊 …… 111

任务 3.6　低碳钢 V 形坡口垂直固定管焊 …… 117

项目四　气焊与气割技能训练 …… 122
任务 4.1　低碳钢板对接平焊 …… 122
任务 4.2　手工气割 …… 127

附　录 …… 132
附录一　焊工（中级工）技能操作试卷 …… 132
附录二　焊工（高级工）技能操作试卷 …… 144
附录三　焊工（中级工）理论知识试卷 …… 156
附录四　焊工（高级工）理论知识试卷 …… 170

项目一　焊条电弧焊技能训练

任务 1.1　低碳钢板平敷焊

工作任务

① 读懂图样（见图 1 - 1），合理选择焊接参数；
② 调节设备参数，控制运条速度，完成焊件焊接，保证焊缝质量；
③ 焊接的各项尺寸控制在偏差范围内。

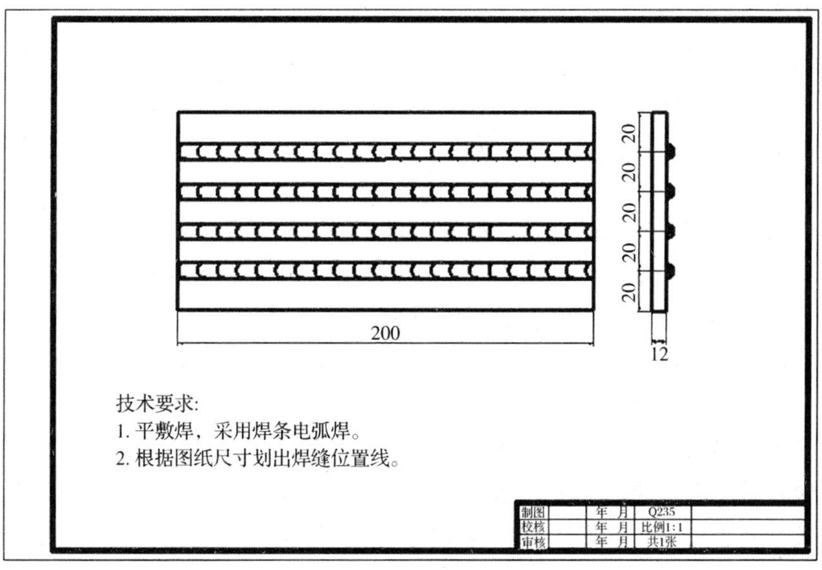

图 1 - 1　平敷焊图样

任务目标

任务目标见表 1 - 1。

表 1 - 1　低碳钢板平敷焊任务目标

知识目标	掌握焊条电弧焊的安全操作规程 掌握焊条电弧焊平敷焊的操作工艺，工艺参数的设置及运条的方式
能力目标	能够正确熟练运用焊条电弧焊设备对焊件进行平敷焊，并保证焊缝质量
素质目标	提升学生解决问题的实际能力

相关知识

1. 实训室规章制度

① 实训室的工作人员要穿戴好劳保用品，必须严格遵守操作规程。

② 工作人员必须服从领导，听从指挥。

③ 实训室内不准喧哗、打闹，不准擅离工作岗位。

④ 不准乱摸、乱动、随意拆装实训室内的各种物品，由于违反规定而损坏的物品照价赔偿，并给予相应的纪律处分。

⑤ 未经实训室负责人同意，实训室内物品不能带出实训室。

⑥ 下课时搞好实训室内外卫生、关闭电源、关锁门窗，由实训室负责人检查无误后才可离去。

⑦ 任何人不准做与技能实习无关的事情。

⑧ 设备员做好设备的保养工作，不准设备带病工作，设备出现故障，应该立即停车，由有关人员修理。

⑨ 闲散人员不准随意出入实训室。

⑩ 有违反本规定的，后果自负。

2. 焊工安全操作规程

① 操作前检查焊接操作设备、仪表、工具等是否符合安全要求，焊接设备放置是否符合安全要求。

② 操作时穿戴好防护用品，安放绝缘垫板，高空作业要求系好安全带。

③ 焊工应该具备基本的电学知识并掌握防止触电的方法和触电后急救方法。

④ 夜间操作焊接场地应该有足够的照明。

⑤ 操作前应该清除工件的铁锈、泥垢，并在焊接时注意熔化的金属熔渣的飞溅。

⑥ 在引燃电弧前应该提示周围的人以防受到弧光伤害。

⑦ 更换电焊条时，严禁乱扔焊条头。

⑧ 在储存易燃易爆物品的库、站、室内严禁进行操作。

⑨ 焊接修补装过易燃易爆物品的容器时，必须将容器内的物品残渣仔细清洗干净后，才能焊接。

⑩ 焊接中经常检查各部位工作是否正常，工作结束后，应该切断电源，按规定关好各种开关，等工件冷却后，确认无可疑烟气火迹后，才能离开工作场地。

3. 安全文明生产（实习）制度

① 为确保安全，学校要成立检查小组，由主管副校长任组长，各车间负责人为组员，全校形成一个安全检查网，负责安全工作。

② 严格执行“三级安全教育”制度，对新入实训室参加技能实训的实习学生，在操作设备以前，一定要进行学校、实训室、岗位的安全教育，考试合格后，才准上岗操作。

③ 严格执行事故报告制度，对所发生事故一定要通过调查分析查明原因，提出改进措施，坚持做到“三不放过”，以预防类似事故的再次发生。

④ 坚持日巡回检查、周末专项检查、月末大检查制度，做好经常性的教育检查，防患于未然。

⑤ 检查的内容一般包括：机械、电气、动力设备的安全保护与保险装置，实训室安全技术情况，有害、有毒物质以及易燃易爆设备情况，防护用品的发放使用情况，各种安全制度的执行情况，防火、防盗、防爆等设施的安装、检查、使用情况等。

⑥ 实训室建立各岗位的安全操作规程及各种安全标志。

⑦ 作业人员必须严格遵守操作规程，按规定穿戴防护用品，不准脱岗、串岗，工作期间不准睡觉或看小说，不准在技能实训期间吃零食，不准酒后上岗。

任务实施

1. 焊前准备

① 焊件材质：Q235A。

② 焊件尺寸：12 mm×150 mm×200 mm，一件。

③ 焊条型号：E5015，ϕ2.5 mm，ϕ3.2 mm。

④ 焊接设备型号：WS-400 型。

2. 焊件准备

① 清理钢板表面的油污、铁锈及氧化物等，直至呈现金属光泽为止。

② 在焊件表面划出距离为 20 mm，长度为 200 mm 线段，共 5 条。

3. 焊接工艺参数

低碳钢板平敷焊焊接工艺参数见表 1 - 2。

表 1 - 2　低碳钢板平敷焊工艺参数

焊接层次	焊条直径/mm	焊接电流/A
正面	2.5/3.2	75～85/90～110

4. 操作要领

(1) 平敷焊操作姿势

平敷焊是在平焊位置上堆敷焊道的一种操作方法（如图 1 - 2 所示）。平敷焊时一般采用蹲式操作（如图 1 - 3 所示）。蹲姿要自然，两脚夹角为 70°～85°，两脚距离约 240～260 mm。持焊钳的胳膊半伸开，要悬空无依托地操作。

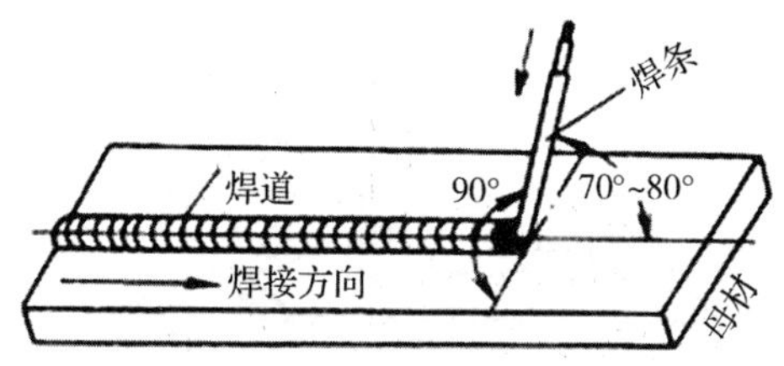

图 1 - 2　平敷焊操作图

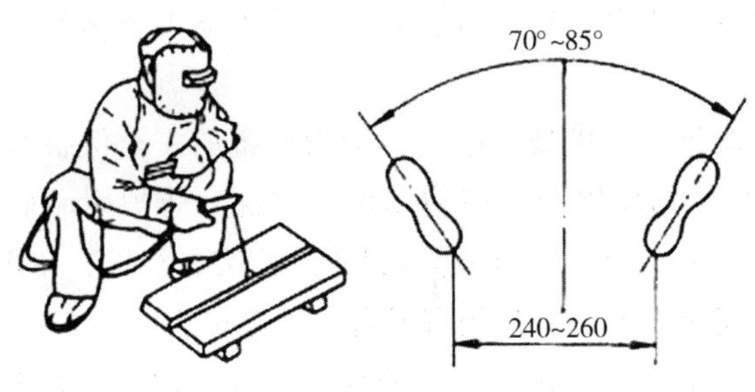

（a）蹲式操作姿势　　（b）两脚的位置

图 1－3　平焊操作姿势

（2）引弧方法

① 划擦引弧法：先将焊条末端对准焊件，然后像划火柴一样使焊条在焊件表面划擦一下，提起 2～3 mm 的高度［如图 1－4（a）所示］引燃电弧，引燃电弧后，应该保持电弧长度不超过所用焊条直径。

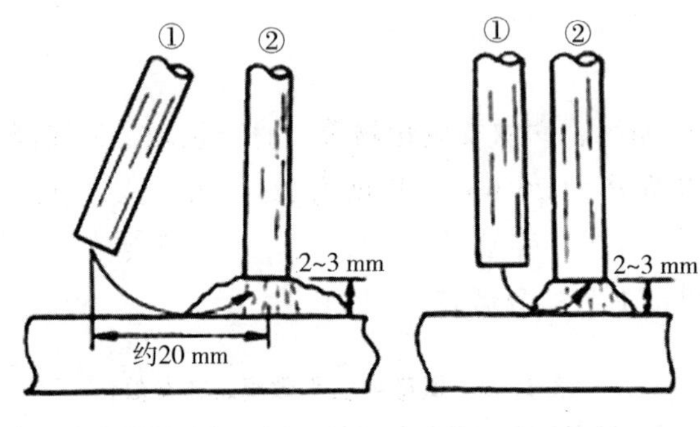

（a）划擦引弧法　　（b）直击引弧法

图 1－4　引弧方法

② 直击引弧法：先将焊条垂直对准焊件，然后使焊条碰击焊件，出现弧光后迅速将焊条提起 2～3 mm［如图 1－4（b）所示］，产生电弧后使电弧稳定燃烧。

（3）运条的基本动作

运条一般分三个基本运动：沿焊条中心线向熔池送进；沿焊接方向移动；横向摆动（见图 1－5 所示）。焊条向熔池方向送进的目的是在焊条不断熔化的过程中保持弧长不变。焊条下送速度应与焊条的熔化速度相同。否则，会发生断弧或焊条与焊件黏结现象。

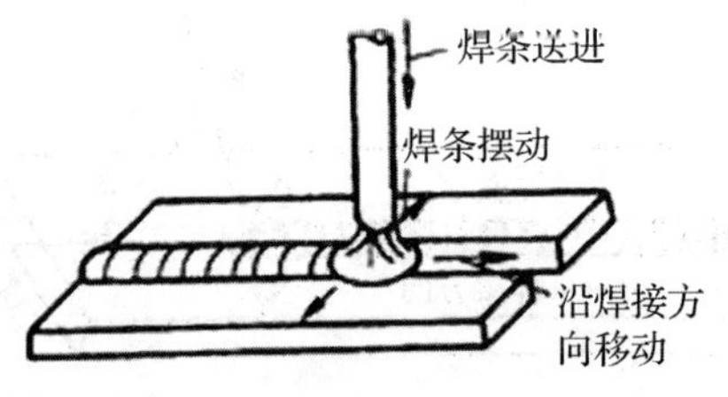

图 1－5　运条的三个基本动作

焊条沿焊接方向移动，是为了控制焊道成形。随着焊条的不断熔化和向前移动，会逐渐形成一条焊道。焊条向前移动速度过快或过慢会出现焊道较窄、未焊透或焊道过高、过宽，甚至出现烧穿等缺陷。

焊条的横向摆动是为了得到一定宽度的焊道。其摆动幅度根据焊件厚度、坡口大小等因素决定，上述的三个动作不能机械地分开，而应相互协调，才能焊出满意的焊缝。运条的关键是平稳、均匀。

(4) 运条方法

在焊接生产实践中，根据不同的焊缝位置、焊件厚度、接头形式等有许多运条手法。下面介绍几种常用的运条方法（如图 1 - 6 所示）及适用范围。

① 直线形运条法：焊接时，焊条不做横向摆动，仅沿焊接方向做直线移动［如图 1 - 6（a）所示］，常用于不开坡口的对接平焊、多层多道焊。

② 直线往复运条法：焊接时，焊条沿焊缝的纵向做来回直线形摆动［如图 1 - 6（b）所示］，适于薄板和接头间隙较大的焊缝。

③ 锯齿形运条法：焊接时，焊条做锯齿形连续摆动且向前移动，并在两边稍做停顿［如图 1 - 6（c）所示］。这种方法在生产中应用较广，多用于厚板的焊接。

④ 月牙形运条法：焊接时，焊条沿焊接方向做月牙形的左右摆动［如图 1 - 6（d）所示］。它的适用范围和锯齿形运条法基本相同，不过用它焊出来的焊缝余高较高。

(a) 直线形运条法

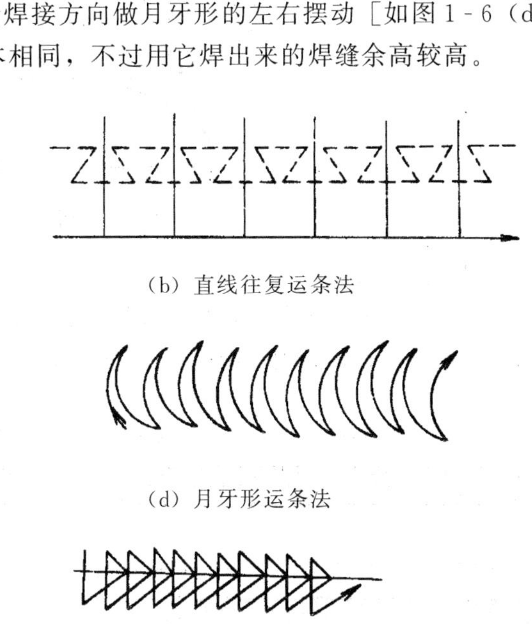

(b) 直线往复运条法

(c) 锯齿形运条法

(d) 月牙形运条法

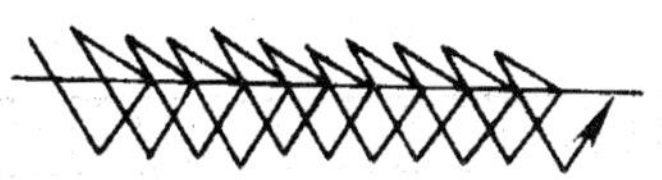

(e) 斜三角形运条法

(f) 正三角形运条法

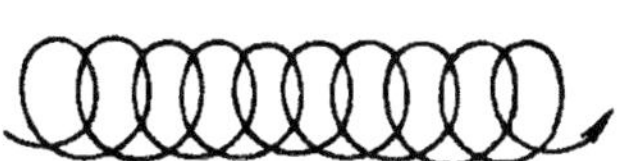

(g) 正圆圈形运条法

(h) 斜圆圈形运条法

图 1 - 6　常用的运条方法

⑤ 斜三角形运条法：焊接时，焊条做连续的三角形摆动并向前移动［如图 1 - 6（e）所示］，适于焊接平、仰位置的角焊缝和有坡口的横焊缝，可借助焊条的摆动来控制熔化

金属的下坠。

⑥ 正三角形运条法：运条方法基本上与斜三角形运条法相同［如图 1 - 6（f）所示］，适于开坡口的对接接头和 T 形接头立焊，能一次焊出较厚的焊缝断面。

⑦ 正圆圈形运条法：如图 1 - 6（g）所示，只适用于焊接较厚焊件的平焊缝。

⑧ 斜圆圈形运条法：如图 1 - 6（h）所示，它的适用范围与斜三角形运条法相同。

（5）起头

刚开始焊接时，由于焊件的温度很低，引弧后又不能迅速地使焊件温度升高，所以起点部位焊道较窄，余高略高，甚至会出现熔合不良和夹渣的缺陷。

为解决上述问题，可以在引弧后稍微拉长电弧，对始焊接处预热。从距离始焊点 10 mm 左右引弧，回焊到始焊点（如图 1 - 7 所示），逐渐压低电弧，同时焊条做微微的摆动，从而达到所需要的焊道宽度，然后进行正常的焊接。

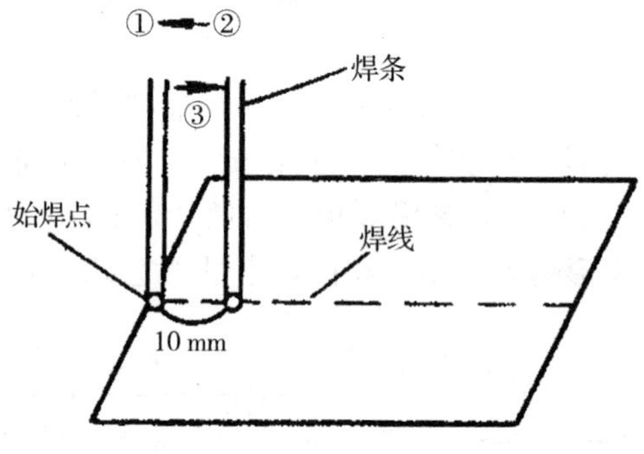

图 1 - 7　焊道的起头

（6）焊道的连接

一条完整的焊缝是由若干根焊条焊接而成的，每根焊条焊接的焊道应有完好的连接。连接方式一般有四种，分别见图 1 - 8（a）、（b）、（c）、（d）所示。

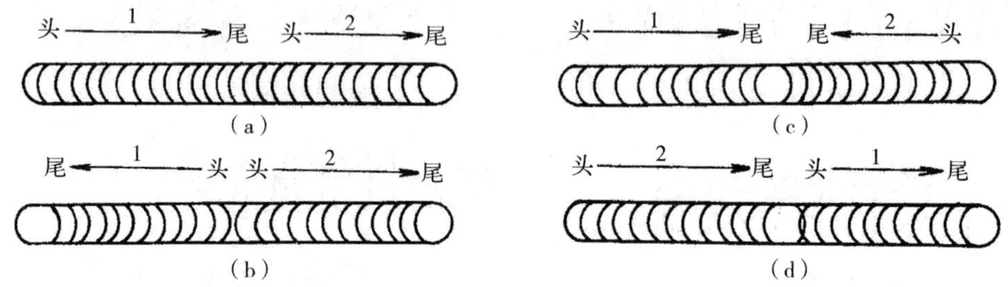

图 1 - 8　焊道的连接方式

1——先焊的焊道；2——后焊的焊道

第一种连接方式应用最多。接头的方法是在先焊的焊道弧坑前面约 10 mm 处引弧，将拉长的电弧缓缓的移到原弧坑处，当新形成的熔池外缘与原弧坑外缘相吻合时，压低电弧，焊条再作微微转动，待填满弧坑后，焊条立即向前移动进行正常焊接。

第二、三、四种连接方式应用较少，一般用于长焊缝分段焊时，采用焊道的头与头相接、尾与尾相接和尾压头相接。它们的操作方法与第一种连接方式的操作方法基本相同，即利用长弧预热，适时而准确压弧，保证接头平滑。

(7) 收尾

收尾是指焊接一条焊道结束时的熄弧操作。如果收尾不当会出现过深的弧坑，使焊道收尾处强度减弱，甚至产生弧坑裂纹。所以收尾动作不仅是熄弧，还应填满弧坑 常用的收尾方法有三种：

① 划圈收尾法：当焊至终点时，焊条作圆圈运动，直到填满弧坑再熄弧。此法适于厚板焊接，用于薄板则有烧穿焊件的危险。

② 反复断弧收尾法：焊至终点，焊条在弧坑处作数次熄弧一引弧的反复动作，直到填满弧坑为止。此法适于薄板焊接。

③ 回焊收尾法：当焊至结尾处，不马上熄弧，而是按照来的方向，向回焊接一小段约 5 mm 的距离，待填满弧坑后，慢慢拉断电弧。碱性焊条常用此法。

任务小结

任务小结见表 1 - 3。

表 1 - 3 低碳钢板平敷焊任务小结

注意事项	操作技巧
1. 焊前注意穿戴个人劳保用品，检查设备各接线处是否有松动现象；焊把及电缆线是否有破损；防止漏电和接触不良现象 2. 焊接过程注意个人保护眼睛及提醒周围同学注意防范电弧光灼伤眼睛 3. 了解实训室各项规章制度；掌握焊工安全操作规程 4. 焊渣与熔池的区分。	1. 掌握运条的三个基本运动：沿焊条中心线向熔池送进，沿焊接方向移动，横向摆动 2. 引弧后，控制好焊条运条角度、速度，电弧长度 3. 掌握收尾的三种方法：划圈收尾法，反复断弧收尾法，回焊收尾法

任务评价

任务评价见表 1 - 4。

表 1 - 4 低碳钢板平敷焊评分标准

班级　　　　　　姓名　　　　　　　　　　　　　　　　　　年　　月　　日

考件名称	低碳钢板平敷焊	时限	60 min	总分	
项目	考核技术要求	配分	评分标准		得分
焊前准备	各种设备、工具的安装使用	5	使用和安装方法不正确扣 1～5 分		
	焊接参数的选择	5	不正确不得分		
焊件尺寸外观质量	焊缝余高 (h) $0 \leqslant h \leqslant 2$ mm	8	每超差 1 mm 扣 2 分		
	焊缝余高差 (h_1) $0 \leqslant h_1 \leqslant 2$ mm	5	每超差 1 mm 扣 1 分		
	焊缝宽度 8～10mm	5	每超差 1 mm 扣 1 分		
	焊缝宽度差 (c_1) $0 \leqslant c_1 \leqslant 1$ mm	5	每超差 1 mm 扣 1 分		
	焊缝边缘直线度误差≤2 mm	8	每超差 1 mm 扣 1 分		

续 表

考件名称	低碳钢板平敷焊	时限	60 min	总分	
项目	考核技术要求	配分	评分标准		得分
焊件尺寸外观质量	咬边缺陷深度 $F \leqslant 0.5$mm；累计长度小于 20 mm	8	每超差 1 mm 扣 2 分，扣去 8 分为止		
	无夹渣	5	每出现一处缺陷扣 3 分		
	无未熔合	5	出现缺陷不得分		
	起头良好	5	处理不当不得分		
	无焊瘤	5	处理不当不得分		
	收尾处弧坑填满	5	处理不当不得分		
	无气孔	5	处理不当不得分		
	接头无脱节	5	每出现一处脱节扣 3 分		
	焊缝表面波纹细腻均匀，成形美观	6	根据成形酌情扣分		
安全文明生产	按照国家安全生产法规有关规定考核	5	视违反规定的程度扣 1～5 分		
时限	焊件必须在考核时间内完成	5	超时≤5 min 扣 2 分 超时≤5～10 min 扣 5 分 超时 20 min 不及格		

任务 1.2　低碳钢板 I 形坡口平对接焊

工作任务

① 读懂图样（见图 1 - 9），合理选择焊接参数；
② 调节设备参数，控制运条速度，完成焊件焊接，保证焊缝质量；
③ 焊接的各项尺寸控制在偏差范围内。

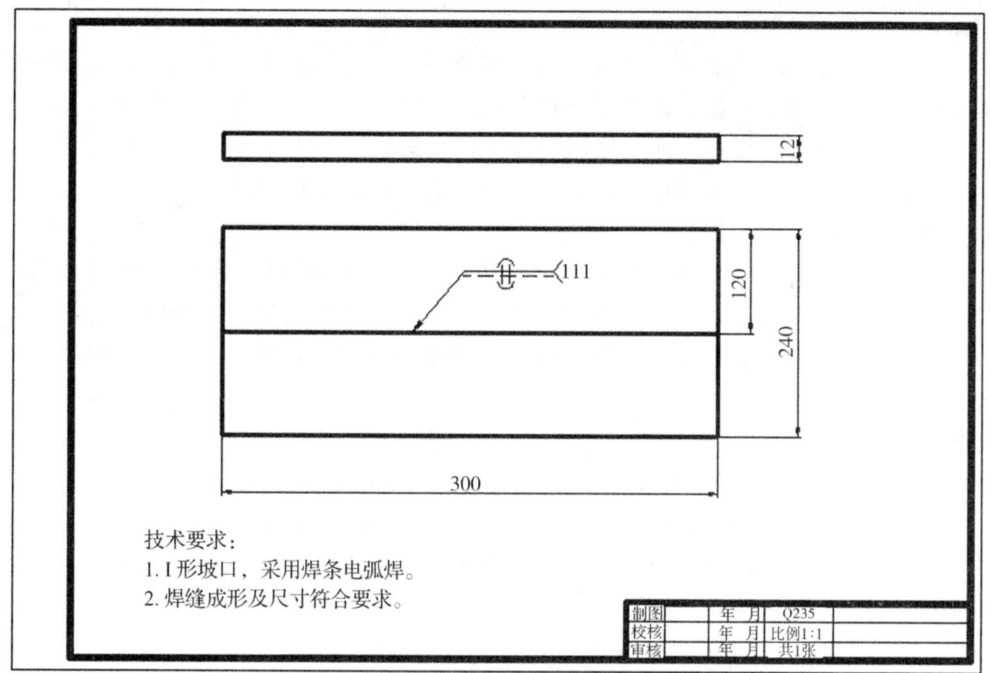

图 1-9 低碳钢板 I 形坡口平对接焊图样

任务目标

任务目标见表 1-5。

表 1-5 低碳钢板 I 形坡口对接焊任务目标

知识目标	熟悉焊接劳动保护用品的种类与使用 掌握焊条电弧焊 I 形坡口对接焊的操作工艺，工艺参数的设置及运条的方式
能力目标	能够正确熟练运用焊条电弧焊设备对焊件进行平对接焊，并保证焊缝质量
素质目标	提升学生解决问题的实际能力

相关知识

1. 佩戴个人防护用具的意义

在焊接过程中，会产生多方面的有害因素，比如有毒有害气体、焊接烟尘、强烈弧光辐射、高频电磁场，以及放射性物质和噪声等等。这些有毒有害因素对人体的呼吸系统、皮肤、眼睛、血液及神经系统都有不良影响。

所谓个人防护用品，即为保护工人在劳动过程中安全和健康所需要的，必不可少的个人防护性用品。在各种焊接与切割中，一定要按规定佩戴防护用品，以防止上述有毒有害气体、焊接烟尘、弧光辐射等对人体的危害。

2. 个人防护用具

① 防护面罩及头盔。焊接防护面罩是一种避免焊接熔融金属飞溅物对人体面部及颈部烫伤，同时通过滤光镜片保护眼睛的一种个人防护用品。最常用的有手持式面罩和头

戴式面罩，以及送风面罩和头盔，安全帽面罩等。

② 焊接防护镜片。焊接弧光的主要成分是紫外线、红外线和可见光。其中对眼睛危害最大的是紫外线和红外线。防护镜片的作用，是适当地透过可见光，使操作人员既能观察熔池，又能将紫外线和红外线减弱到允许值（透过率不大于 0.0003%）以下。防护镜片由滤光玻璃（用于遮蔽焊接有害光线的黑玻璃）和防护白玻璃（为保护黑玻璃不受飞溅损坏而罩在其外的一种无色透明玻璃）两层组成。

③ 护目眼镜。焊工在气焊或气割中必需佩戴，防护眼镜包括滤光玻璃（黑玻璃）和防护白玻璃两层，它除与防护镜片有相同滤光要求外，还应满足不能因镜框受热造成镜片脱落、接触人体面部的部分不能有锐角、接触皮肤的部分不能用有毒材料制作等三个要求。

④ 防尘口罩及防毒面具。焊工在焊接、切割作业时。当采用整体或局部通风不能使烟尘浓度降低到卫生标准以下时，必须选用合适的防尘口罩或防毒面具。

⑤ 噪声防护用具。国家标准规定若噪声超过 85 dB 时，应采取隔声、消声、减振和阻尼等控制技术。当采取措施仍不能把噪声降低到允许标准以下时，操作者应采则个人噪声防护用具，如耳塞或噪声头盔等。

⑥ 安全帽。在高处交叉作业现场，为了预防高空和外界飞来物的危害，焊工还应戴安全帽。

⑦ 防护服。焊接防护工作服。选用白色或米白色等浅色调纯棉材料制作防护服，主要起隔热、反射和吸收等屏蔽作用，以保护人体免受焊接热辐射或飞溅物伤害。

⑧ 电焊手套、工作鞋及鞋盖。为了防止焊工四肢触电，灼伤和砸伤。避免不必要的伤亡事故发生，要求焊工在任何情况下操作，都必须佩戴好规定的防护手套、胶鞋及鞋盖。

⑨ 安全带。为了防止焊工在登高作业时发生坠落事故，必须使用符合国家标准规定的安全带。

任务实施

1. 焊前准备

① 焊件材质：Q235A。

② 焊件尺寸：12 mm×100 mm×200 mm，两件。

③ 焊条型号：E5015，ϕ2.5 mm，ϕ3.2 mm。

④ 焊接设备型号：WS-400 型。

2. 焊件装配

① 清理钢板坡口和两侧表面各 20 mm 范围内的油污、铁锈及氧化物等，直至呈现金属光泽为止。

② 定位间隙为 1～2 mm。

③ 定位焊时焊接工件两端，采用与正式焊接一致的焊接方法，定位焊焊缝宽度小于最终焊缝宽度，长度小于 15 mm。

3. 焊接工艺参数

低碳钢板 I 形坡口平对接焊工艺参数见表 1 - 6。

表 1 - 6　低碳钢板 I 形坡口平对接焊工艺参数

焊接层次	焊条直径/mm	焊接电流/A
正面盖面层	2.5/3.2	75～85/90～120
反面封底焊	2.5/3.2	80～90/95～120

4. 操作要领

(1) 正面盖面层

I 形坡口平对接焊正面盖面层采用连弧法焊接，焊条与焊件之间的角度为 90°，焊条与焊接方向的角度为 70°～85°。将试件固定在操作架上，间隙小的一端在左方，间隙大的一端在右方，焊接方向自左而右。

控制引弧位置。开始施焊时，焊条在试件的左端定位焊缝上，通过划擦引燃电弧。电弧燃烧稳定形成熔池后，焊条左右摆动，控制电弧长度，观察熔池往焊接方向（右边）慢慢移动。

控制好接头质量。正面盖面层焊缝上的接头好坏，直接影响正面焊缝成形。接头不好可能会出现凹坑、局部凸起太高等缺陷。

接头时采用热接法，因此更换焊条的速度要快，当前一根焊条的收头熔池还没有完全冷却时，在熔池右侧 10 mm 处引弧。电弧引燃后连弧焊至收头熔孔时稍加停顿，并稍停留，形成新的熔池，然后进行正常的焊接。

特别提示：焊缝正面余高为 1～2 mm，焊接过程中应保持正确的焊条角度。

(2) 反面封底焊

反面封底焊如图 1 - 10 所示，施焊前，应将熔渣和飞溅清除干净。施焊时的焊条角度、运条方法、接头方法与正面盖面层相同，焊条摆动的幅度也相似。施焊时应注意运条速度要均匀、宽窄一致，焊条摆动到焊缝两侧时应将电弧进一步压低，并稍加停顿，使焊缝与母材圆滑过渡，避免产生咬边。

反面封底焊后的余高应为 1～2 mm，余高差≤2 mm，焊缝的宽度差≤1 mm。

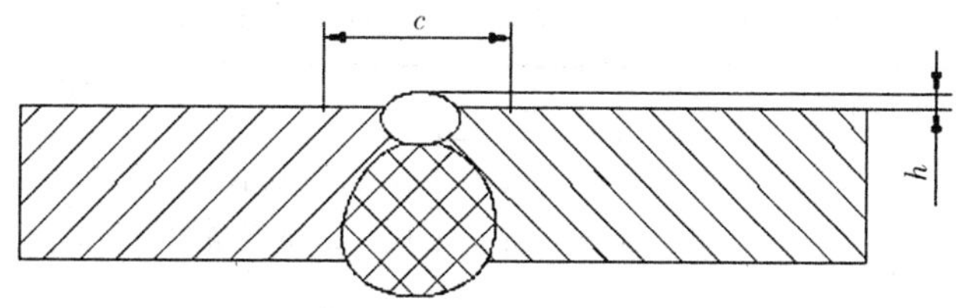

图 1 - 10　封底焊图片

(4) 清理试件，整理现场

焊接完毕后，将焊缝两侧的飞溅清理干净。将工位内的焊机断电，工具复位，场地清理干净。

特别提示：正面盖面层和反面封底焊焊缝焊完以后，首先要把焊缝飞溅和熔渣清理干净；焊缝表面要保持原始状态，不得修补。

(5) 引弧技能训练项目

定点引弧。先在焊件上按如图 1 - 11 所示用粉笔划线，然后在直线的交点处用划擦引弧法引弧。引弧后，焊成直径为 $\phi 13$ mm 的焊点后灭弧。这样不断重复操作完成若干个焊点的引弧训练。

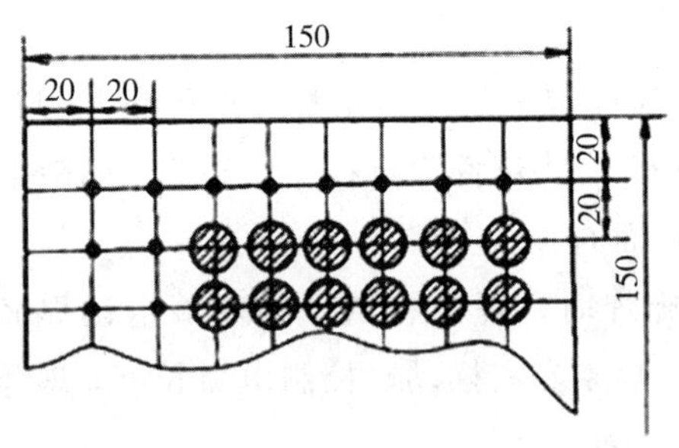

图 1 - 11　定点引弧

注意事项：

① 在引弧过程中，如果焊条与焊件粘在一起，通过晃动不能取下焊条时，应该即将焊钳与焊条脱离，待焊条冷却后，焊条就很容易扳下来。

② 引弧前，如果焊条端部有药皮套筒，可以用手（应戴手套）将套筒去除，这样引弧就较为快捷。

③ 练习引弧时，可以用 E4303 型和 E5015 型两种焊条，并分别使用交流、直流弧焊机引弧。从中可以发现 E4303 型焊条适用于交、直两用弧焊电源，而 E5015 型焊条只适用于直流弧焊电源。

任务小结

任务小结见表 1 - 7。

表 1 - 7　低碳钢板 I 形坡口平对接焊任务小结

注意事项	操作技巧
1. 焊前注意穿戴个人劳保用品，检查设备各接线处是否有松动现象；焊把及电缆线是否有破损；防止漏电和接触不良现象 2. 焊接过程注意个人保护及提醒周围同学注意防范，以免电弧光灼伤眼睛	1. 引弧过程中，如果焊条与焊件粘在一起，应立即将焊条与焊件脱离，待更换或处理焊条后再焊接 2. 引弧后，控制好焊条运条角度、速度，电弧长度

任务评价

任务评价见表1-8。

表1-8 低碳钢板I形坡口平对接焊评分标准

班级　　　　姓名　　　　　　　　　　　　年　　月　　日

考件名称	低碳钢板I形坡口平对接焊	时限	60 min	总分	
项目	考核技术要求	配分	评分标准		得分
焊前准备	各种设备、工具的安装使用	5	使用和安装方法不正确扣1～5分		
	焊接参数的选择	5	不正确不得分		
焊件尺寸外观质量	焊缝余高（h）$0\leqslant h\leqslant 2$ mm	8	每超差1 mm扣2分		
	焊缝余高差（h_1）$0\leqslant h_1\leqslant 2$ mm	5	每超差1 mm扣1分		
	焊缝宽度8～10 mm	5	每超差1 mm扣1分		
	焊缝宽度差（c_1）$0\leqslant c_1\leqslant 1$ mm	5	每超差1 mm扣1分		
	焊缝边缘直线度误差≤2 mm	8	每超差1 mm扣1分		
	咬边缺陷深度$F\leqslant 0.5$mm；累计长度小于20 mm	8	每超差1 mm扣2分，扣去8分为止		
	无夹渣	5	每出现一处缺陷扣3分		
	无未熔合	5	出现缺陷不得分		
	起头良好	5	处理不当不得分		
	无焊瘤	5	处理不当不得分		
	收尾处弧坑填满	5	处理不当不得分		
	无气孔	5	处理不当不得分		
	接头无脱节	5	每出现一处脱节扣3分		
	焊缝表面波纹细腻均匀，成形美观	6	根据成形酌情扣分		
安全文明生产	按照国家安全生产法规有关规定考核	5	视违反规定的程度扣1～5分		
时限	焊件必须在考核时间内完成	5	超时<5 min扣2分 超时<5～10 min扣5分 超时20 min不及格		

任务 1.3　低碳钢板平位角焊

工作任务

① 读懂图样（见图 1 - 12），合理选择焊接参数；

② 调节设备参数，控制运条速度，完成焊件焊接，保证焊缝质量；

③ 焊接的各项尺寸控制在偏差范围内。

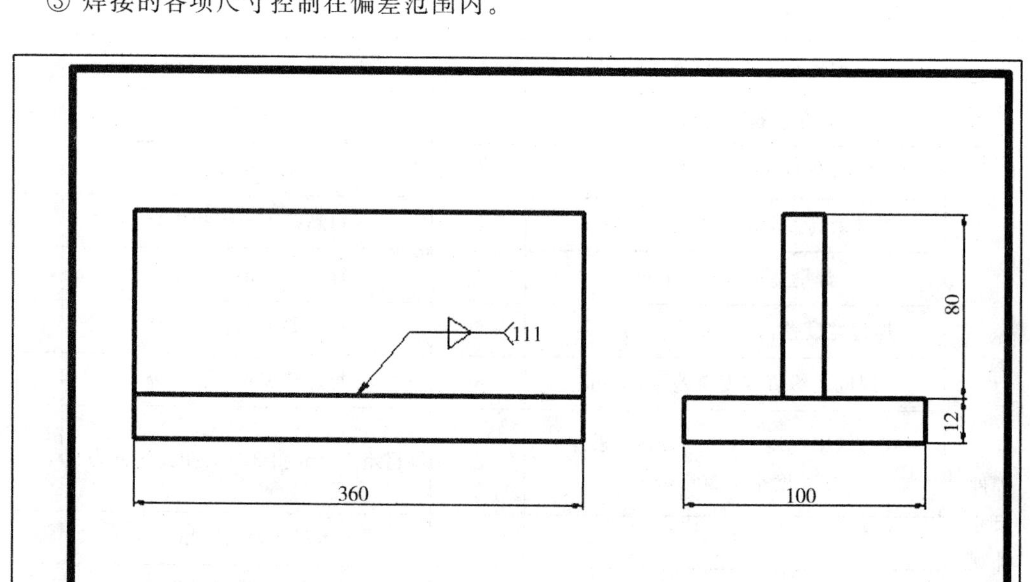

图 1 - 12　低碳钢板平位角焊图样

任务目标

任务目标见表 1 - 9。

表 1 - 9　低碳钢板平位角焊任务目标

知识目标	熟悉焊条的组成及作用 掌握焊条电弧焊平位角焊的操作工艺，工艺参数的设置及运条的方式
能力目标	能够正确熟练运用焊条电弧焊设备对焊件进行平位角焊，并保证焊缝质量
素质目标	提升学生解决问题的实际能力

相关知识

经过前面课题的焊条电弧技能操作可知，焊条可作为电极，又作为填充金属与母材熔合后形成焊缝金属。因此，焊条不但影响电弧的稳定性，而且直接影响到焊缝金属的化学成分和力学性能。为了保证焊缝金属的质量，合理地选用焊条，就要对焊条的组成及作用等知识有较全面的了解。

1. 焊芯

焊条中被药皮包覆的金属芯称为焊芯。焊芯的化学成分直接影响焊缝质量。制造焊芯用的钢丝经过特殊冶炼。如果用于埋弧焊、电渣焊、气体保护焊、气焊等焊接方法作为填充材料时，则称为焊丝。

（1）焊芯中各合金元素对焊接的影响

① 碳（C）：碳是钢中的主要合金元素，当含碳量增加时，钢的强度、硬度明显提高，钢的淬硬性及其裂纹敏感性增大，塑性降低。在焊接过程中，碳是一种良好的脱氧剂，在电弧高温作用下碳与氧化合生成 CO 和 CO_2 气体，既起到脱氧的作用，又可以使气体从熔池中逸出，排开熔池周围的空气，减少和防止空气中的氧、氮对熔池的侵入，起到保护作用。若含碳量过高，还原作用剧烈，会引起较大的飞溅和气孔。因此，低碳钢焊芯中的含碳量一般≤0.10%。

② 锰（Mn）：锰在钢中是一种较好的合金剂，当钢中含锰在2%以下时，随着含锰量的增加，钢的强度和韧性提高。锰也是一种脱氧剂，与氧化合生成 MnO，可提高熔渣的流动性。锰还是很好的脱硫剂，与硫化合成 MnS，形成熔渣浮于熔池表面，从而减少了焊缝热裂纹的倾向。一般碳素结构钢焊芯含锰量为0.30%～0.55%。

③ 硅（Si）：硅也是较好的合金剂。硅能提高钢的强度、弹性及抗酸性能，但含量过高，会降低钢的塑性和韧性。硅具有比锰还强的脱氧能力，与氧形成 SiO_2，但过多的 SiO_2 在高温下成渣，可提高熔渣的黏度，易造成夹渣，还会引起飞溅现象。因此，焊芯中的含硅量应尽量少，要求在0.03%以下。

④ 铬（Cr）：铬用来冶炼合金钢和不锈钢，是一种重要合金元素，能够提高钢的硬度、耐磨性和耐腐蚀性。在焊接过程中，对低碳钢来说，铬是一种杂质，会被氧化成难熔的氧化物（Cr_2O_3），不仅增加熔渣的黏度，而且易造成夹渣。因此，一般碳素钢焊芯中含铬量≤0.20%。

⑤ 镍（Ni）：镍对低碳钢来说是一种杂质。焊芯中的含镍量要求≤0.30%。镍对钢的韧性有比较显著的影响，一般低温冲击值要求较高时，适当掺入一些镍。

⑥ 硫（S）：硫是一种有害杂质，它会使焊缝严重偏析，造成钢的成分和性能分布不均匀。硫又是促使焊缝产生热裂纹的主要元素之一。一般焊芯的含硫量≤0.04%。

⑦ 磷（P）：磷也是一种有害杂质，它会使钢的冲击韧性大大降低，使焊缝产生冷脆现象。一般焊芯中含磷量≤0.04%。

2. 药皮

压涂在焊芯表面上的涂料层称为药皮。涂料层是由各种矿石粉末、铁合金粉、有机物和化工制品等原料，按一定比例配制后压涂在焊芯表面上的。一般焊条药皮中的配方中，组成物有八九种之多，最常用的结构钢焊条 E4303 和 E5015 的药皮配方见表 1 - 10 所示。焊条药皮组成物根据药皮成分在焊接过程中的作用通常分为以下方面。

表 1 - 10　E4303 和 E5015 焊条药皮配方

	人造金红石	钛白粉	菱苦土	大理石	氟石	长石	白泥	云母	低碳锰铁	钛铁	45 硅铁	纯碱	硅锰合金	水玻璃模数
E4303	30	8	7	12.4		8.6	14	7	12					K-Na 2.4～2.6
E5015	5			45	25			2		13	3	1	7.5	纯 Na 2.8～3.0

① 稳弧剂：常用的稳弧剂有大理石、长石、钛白粉、水玻璃（含有钾、钠碱土金属的硅酸盐）等。可在焊条引弧和焊接过程中起改善引弧性能和稳定电弧的作用。

② 造渣剂：常用的造渣剂有大理石、菱苦土、白泥、金红石、云母、长石、钛白粉、氟石等。这类组成物能熔成一定比重的熔渣浮于熔池表面，使空气不易侵入，并产生与熔池金属所必需的冶金反应，起到保护熔池和改善焊缝成形的作用。

③ 造气剂：常用的造气剂有大理石、白云石、菱镁矿、淀粉、纤维素、木粉等。主要作用是形成保护气氛，同时也有利于熔滴过渡。

④ 脱氧剂：常用的脱氧剂有钛铁、锰铁、硅铁、铝铁、石墨等。主要作用是对熔渣和焊缝金属脱氧。利用熔融在焊接熔渣里某种与氧亲和力比较大的元素，通过在熔渣及熔化金属内进行一系列化学反应来达到脱氧的目的。

⑤ 合金剂：常用的合金剂有硅铁、锰铁、钛铁、钼铁、铬粉、镍粉、硼铁等。主要作用是补偿焊接过程中被烧损、蒸发的合金元素，并补加特殊性能要求的合金元素。以保证焊缝金属必要的化学成分、力学性能和抗腐性能等。

⑥ 稀释剂：主要的稀释剂有氟石、钛铁矿、冰晶粉和钛白粉等：主要作用是降低焊接熔渣的熔点、黏度、表面张力，改善熔渣的流动性能。如氟石（CaF_2）与熔渣中的其他成分形成 $CaO \cdot CaF_2$ 共晶（熔点 1130 ℃），可降低熔渣的黏度。

⑦ 黏结剂：主要成分是钾、钠水玻璃，用于黏结药皮涂料，使它能牢固地涂压在焊芯上。

⑧ 增塑剂：主要作用是增加涂料的塑性和润滑性，便于焊条的压涂，减小焊条的偏心度，保证焊条制造质量。如云母、白泥、钛白粉等。

焊条药皮中的许多原料，可以同时起几种作用。如大理石既有稳弧作用，又有造气、造渣的作用；某些铁合金（如锰铁、硅铁）既可作脱氧剂，又可作合金剂。钾、钠水玻璃本身具有黏结性，同时还起到稳弧的造渣作用。

综上所述，可以将焊条药皮的作用归纳为以下几方面：

① 改善焊条的焊接工艺性能。提高电弧燃烧的稳定性，减少飞溅，易脱渣，改善熔滴过渡和焊缝成形，能提高熔敷效率。

② 机械保护。药皮熔化或分解后产生气体和熔渣，隔绝空气，可防止熔滴和熔池金属与空气接触。熔渣凝固后的渣壳覆盖在焊缝表面，可防止高温的焊缝金属被氧化，并可减慢焊缝金属的冷却速度，改善焊缝结晶和成形。

③ 冶金处理。通过熔渣和铁合金的脱氧、去硫、去磷、去氢和渗合金等焊接冶金反应，可去除有害元素，增添有益元素，从而使焊件获得合适的化学成分。

3. 角焊的特点

① 焊接结构中，广泛采用的 T 形接头、搭接接头和角接接头等接头形式如图 1 - 13 所示。这些接头形成的焊缝叫角焊缝。角焊缝各部位的名称如图 1 - 14 所示。角焊缝的焊脚尺寸应符合技术要求，以保证焊接接头的强度。一般焊脚尺寸随焊件厚度的增大而增加（见表 1 - 11 所示）。

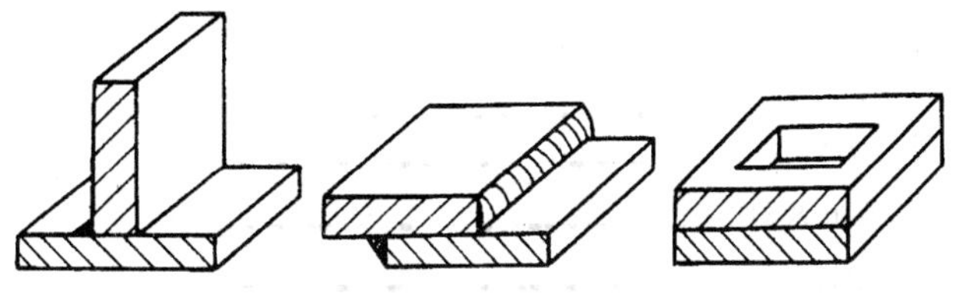

(a) T 形接头　(b) 搭接接头　(c) 角接接头

图 1 - 13　平位角焊的接头形式

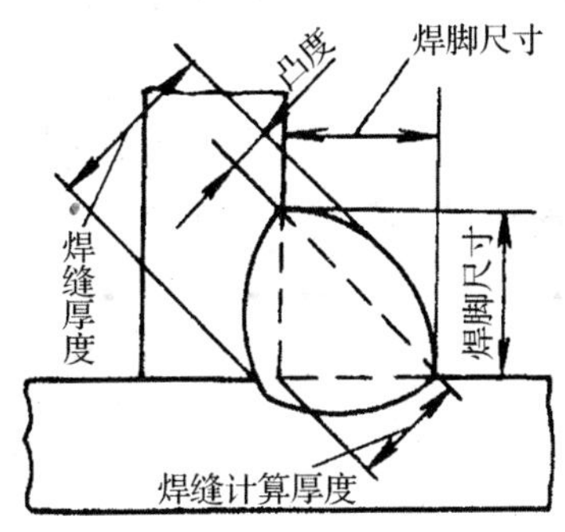

图 1 - 14　角焊缝各部分的名称

表 1 - 11　焊脚尺寸与钢板厚度的关系

钢板厚度/mm	≥2～3	>3～6	>6～9	>9～12	>12～16	>16～23
最小焊脚尺寸/mm	2	3	4	5	6	8

② 焊脚尺寸决定焊接层数和焊道数量。一般当焊脚尺寸在 5 mm 以下时，多采用单

层焊；焊脚尺寸为 6～10 mm 时，采用多层焊；焊脚尺寸大于 10 mm，采用多层多道焊。

③ 由不等厚度板组装的角焊缝在角焊时，要相应地调节焊条角度，电弧要偏向于厚板一侧，使厚板所受热量增加。通过焊条角度的调节，使厚、薄两板受热趋于均匀，以保证接头良好的熔合。横角焊时的焊条角度如图 1 - 15 所示。

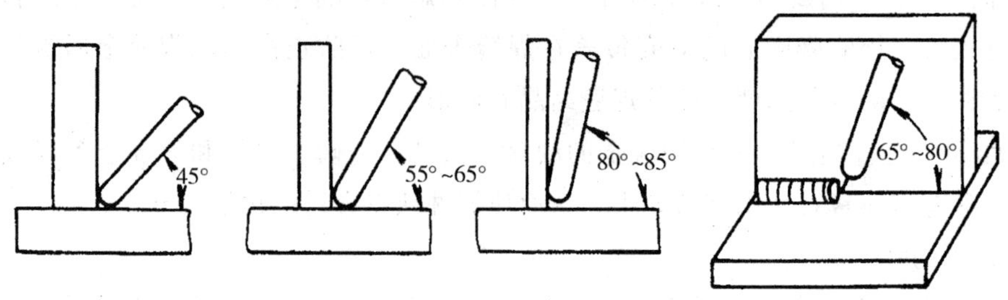

（a）两板厚度相同　（b）两板厚度不等　（c）两板厚度不等　（d）焊条与前进方向的夹角

图 1 - 15　平位角焊操作图

任务实施

1. 焊前准备

① 焊件材质：Q235A。

② 焊件尺寸：12 mm×100 mm×300 mm，一件。12 mm×80 mm×300 mm，一件。

③ 焊条型号：E5015，直径 ϕ3.2 mm，ϕ4.0 mm。

④ 焊接设备型号：WS-400 型。

2. 焊件装配

① 清理钢板坡口和两侧表面各 20 mm 范围内的油污、铁锈及氧化物等，直至呈现金属光泽为止。

② 定位焊时，首先将焊件装配成 90°T 形接头，不留间隙，采用焊正式焊缝用的焊条进行定位焊，定位焊的位置应该在焊件两端的前后对称处，两条定位焊缝长度均为 10～15 mm。

3. 焊接工艺参数

低碳钢平位角焊工艺参数见表 1 - 12。

表 1 - 12　低碳钢平位角焊工艺参数

焊接层次	焊条直径/mm	焊接电流/A
正面	3.2/4.0	90～110/120～140

4. 操作要领

（1）单层焊

当焊脚尺寸小于 5 mm 时，通常用单层焊。焊条直径的选择由焊脚尺寸的大小来确定，如果焊脚尺寸较大，焊条直径就相应选择大一些。

操作时，可采用直线运条法，短弧焊接，焊接速度要均匀。焊条与平板的夹角为45°，与焊接方向的夹角为65°～80°。运条过程中，要始终注视熔池的熔化状况，一方面要保持熔池在接口处不偏上或偏下，以便使立板与平板的焊道充分熔合。另一方面保持熔渣对熔化金属的保护作用，既不超前，也不拖后（熔渣超前，容易造成夹渣；熔渣拖后，焊缝表面波纹粗糙）。运条时通过焊接速度的调整和适当焊条摆动，保证焊件所要求的焊脚尺寸。

单层焊还有一种简单易行的操作方法，即只要将焊条端头的套管边缘靠在接口的夹角处，并轻轻地施压，随着焊条的熔化，焊条便会自然而然地向前移动。这种操作便于掌握，而且焊缝成形也较美观。

（2）多层焊

焊接之前，先由焊脚尺寸来确定焊接层数，进而选择各层相应的焊条直径、焊接电流和运条方法等。

焊接第一层时，一般选择小一些直径的焊条，焊接电流应稍大些，以达到一定的熔透深度。可以采用直线形运条法，收尾时要填满弧坑。

焊接第二层前先清理干净第一层焊道的熔渣。焊接时，可采用 ϕ4.0 mm 的焊条，以便加大焊道的熔宽，焊接电流比使用小直径焊条所用的电流大一些。运条采用斜圆圈或锯齿形运条法，运条必须有规律，注意焊道两侧的停顿节奏，否则容易产生咬边、夹渣、边缘熔合不良等缺陷。斜圆圈形运条法（如图 1-16 所示）：由 $a \to b$ 要慢，焊条作微微的往复前移动作，以防熔渣超前；由 $b \to c$ 稍快，以防熔化金属下淌；在 c 处稍作停顿，以填加适量的熔滴，避免咬边；由 $c \to d$ 稍慢，保持各熔池之间形成 1/2～2/3 的重叠，以利于焊道的成形；由 $d \to e$ 稍快，到 e 处稍作停顿。如此反复运条。焊道收尾时要填满弧坑。

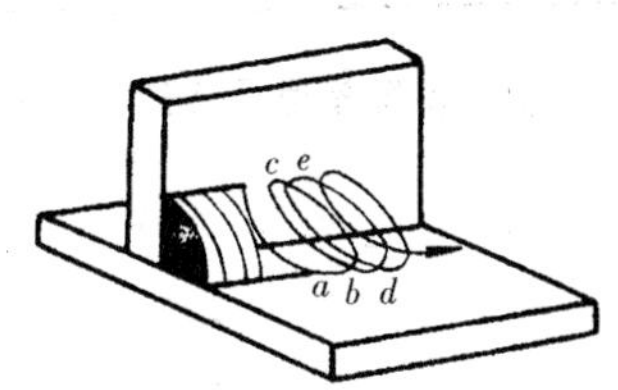

图 1-16　平位角焊时的斜圆圈形运条方法

（3）多层多道焊

焊脚尺寸大于 10 mm 时，采用多层单道焊会因焊脚较宽，坡度较大，熔化金属容易下淌，影响焊缝成形，所以采用多层多道焊较为适宜。

以二层三道焊接为例，焊接第一层（第一道）焊道时，其操作方法与单层焊相同。焊后清除干净熔渣，焊第二条焊道时，应覆盖第一层焊道的 2/3 以上，并且保证这条焊道的下边缘是所要求的焊脚尺寸线。这时的焊条与水平板的角度在 45°～55°之间（如图 1-

17 中的 2 所示），以使水平板与焊道熔合良好。焊条与焊接方向的角度仍为 70°～80°，运条时采用斜圆圈形，运条规律与多层焊时相同，所不同的是在 c，e 点位置（如图 1 - 16 所示）不需停留。这条焊道保持平直而且宽窄一致，是获得良好成形的基础。第三条焊道是成形的关键。焊接时，应覆盖第二条焊道的 1/3～1/2，焊条的落点在立板与第二条焊道的夹角处，焊条与水平板的角度为 40°～45°（如图 1 - 17 中的 3 所示），仍用直线形运条。若希望焊道薄一些，可以采用直线往复运条，通过这条焊道的焊接可将夹角处焊平整。最终整条焊缝应该宽窄一致、平整圆滑，无咬边、夹渣和焊脚下偏等缺陷。

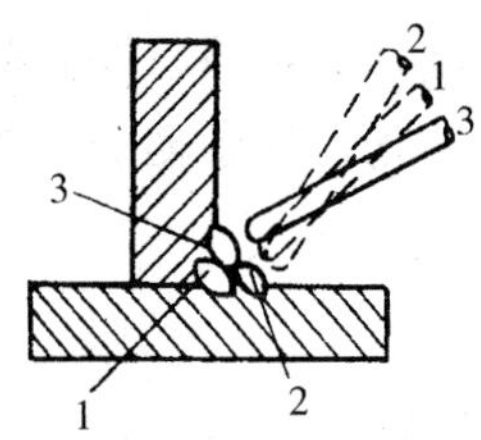

a. 1——表示打底层；b. 2——表示盖面第一层道；c. 3——表示盖面第二层道

图 1 - 17　多层多道焊各道的焊条角度

如果焊脚尺寸大于 12 mm，可以采用三层六道、四层十道焊接（如图 1 - 18 所示）。焊脚尺寸越大，焊接层数、道数就越多。操作仍按上述方法进行。对于承受重载荷或动载荷的较厚钢板角焊结构应开坡口，如在垂直焊件单边开坡口，适用于 15～40 mm 厚的焊件；当钢板厚度在 40～80 mm，时，应在垂直焊件两边开坡口：其操作方法同多层多道焊相似，但要保证焊缝的根部焊透。

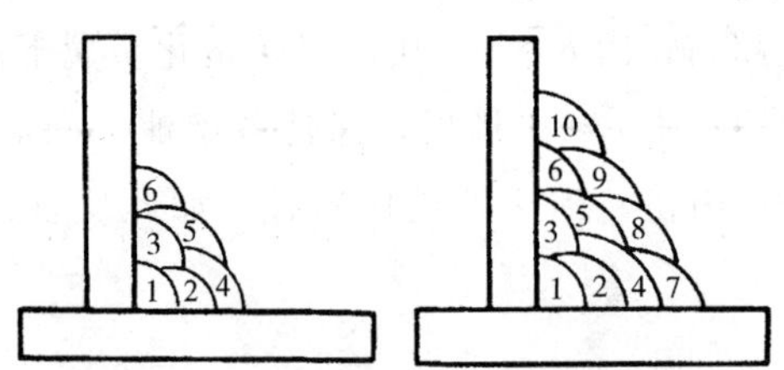

图 1 - 18　多层多道焊各道排列示例

任务小结

任务小结见表 1 - 13。

表 1 - 13　低碳钢平位角焊任务小结

注意事项	操作技巧
1. 焊前注意穿戴个人劳保用品，检查设备各接线处是否有松动现象；焊把及电缆线是否有破损；防止漏电和接触不良现象 2. 焊接过程注意个人保护及提醒周围同学注意防范，以免电弧光灼伤眼睛 3. 了解焊条的组成及作用；掌握角焊缝的特点及接头形式	1. 掌握平位角焊的单层焊、多层焊、多层多道焊 2. 焊接过程中，控制好焊条运条角度、速度、电弧长度 3. 掌握斜圆圈形运条方法

任务评价

任务评价见表 1 - 14。

表 1 - 14　低碳钢平位角焊评分标准

班级　　　　　　　　姓名　　　　　　　　　　　　　　　　　　年　　月　　日

考件名称	低碳钢板平位角焊	时限	60 min	总分	
项目	考核技术要求	配分	评分标准		得分
焊前准备	各种设备、工具的安装使用	5	使用和安装方法不正确扣 1～5 分		
	焊接参数的选择	5	不正确不得分		
焊件尺寸外观质量	焊缝余高（h）$-0.5\leqslant h\leqslant 2$ mm	8	每超差 1 mm 扣 2 分		
	焊缝余高差（h_1）$0\leqslant h_1\leqslant 2$ mm	5	每超差 1 mm 扣 1 分		
	焊脚高度（k）10～12mm	5	每超差 1 mm 扣 1 分		
	焊脚高度（c_1）$0\leqslant c_1\leqslant 2$ mm	5	每超差 1 mm 扣 1 分		
	焊缝边缘直线度误差≤2 mm	8	每超差 1 mm 扣 1 分		
	咬边缺陷深度 $F\leqslant 0.5$mm；累计长度小于 20 mm	8	每超差 1 mm 扣 2 分，扣去 8 分为止		
	角变形	5	每超差 1 mm 扣 1 分		
	夹渣	5	每出现一处缺陷扣 3 分		
	起头良好	5	处理不当不得分		
	未熔合	5	处理不当不得分		
	收尾处弧坑填满	5	处理不当不得分		
	气孔	5	处理不当不得分		
	接头无脱节	5	每出现一处脱节扣 3 分		
	焊缝表面波纹细腻均匀，成形美观	6	根据成形酌情扣分		
安全文明生产	按照国家安全生产法规有关规定考核	5	视违反规定的程度扣 1～5 分		
时限	焊件必须在考核时间内完成	5	超时≤5 min 扣 2 分 超时＜5～10 min 扣 5 分 超时 20 min 不及格		

任务 1.4 低碳钢板 V 形坡口对接平焊

工作任务

① 读懂图样（见图 1 - 19），合理选择焊接参数；

② 调节设备参数，控制运条速度，完成焊件焊接，保证焊缝质量；

③ 焊接的各项尺寸控制在偏差范围内。

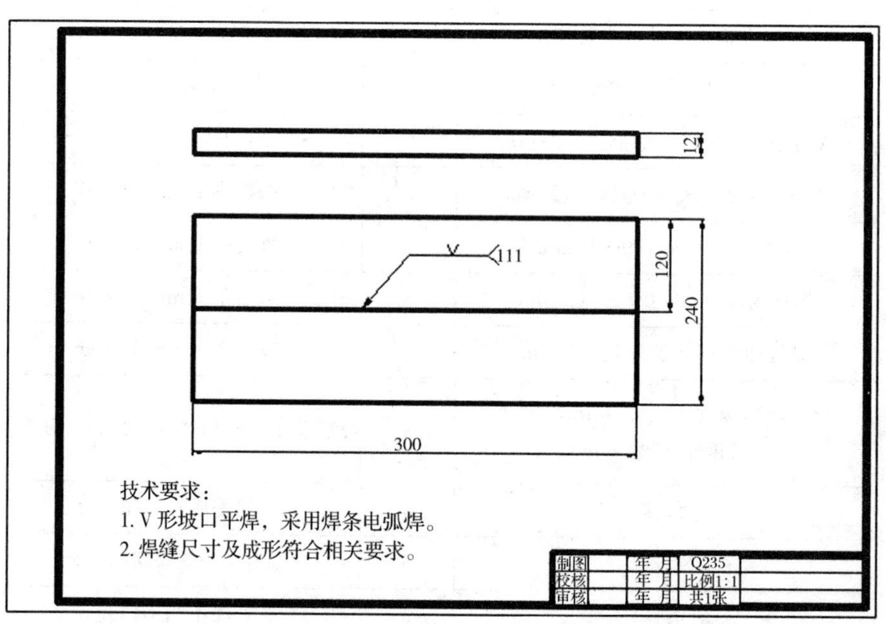

图 1 - 19 V 形坡口对接平焊图样

任务目标

任务目标见表 1 - 15。

表 1 - 15 低碳钢 V 形坡口对接平焊任务目标

知识目标	熟悉焊接接头和焊接坡口相关知识点 掌握焊条电弧焊 V 形坡口对接平焊的操作工艺，工艺参数的设置及运条的方式
能力目标	掌握焊条电弧焊单面焊双面成型技术 能够正确熟练运用焊条电弧焊设备对焊件进行 V 形坡口对接平焊，并保证焊缝质量
素质目标	提升学生解决问题的实际能力

相关知识

1. 焊接接头形式

用焊接方法连接的接头称为焊接接头（简称接头）。焊接接头包括焊缝、熔合区和热影响区。由于焊件的结构形状、厚度及技术要求不同，其焊接接头的形式及坡口形式也不相同。

焊接接头的基本形式可分为：对接接头，T 形接头、角接接头、搭接接头四种。有时焊接结构中还有一些特殊的接头形式，如十字接头、端接接头、卷边接头、套管接头、斜对接接头、锁底对接接头等。常用的坡口形式有 I 形坡口、V 形坡口、X 形坡口和 U 形坡口。

（1）对接接头

两焊件端面相对平行的接头称为对接接头（如图 1 - 20 所示）。对接接头是各种焊接结构中采用最多的一种接头形式。

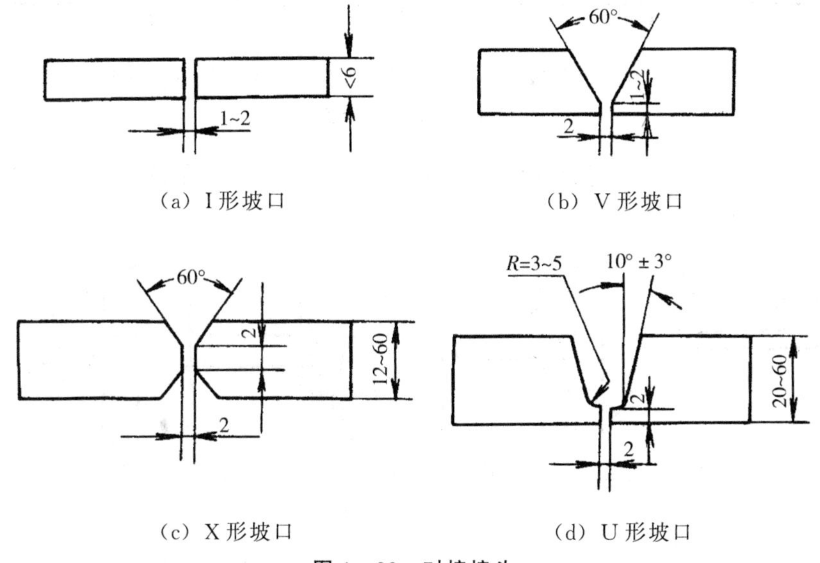

（a）I 形坡口　（b）V 形坡口　（c）X 形坡口　（d）U 形坡口

图 1 - 20　对接接头

① I 形坡口的对接接头：钢板厚度在 6 mm 以下的焊件，一般不开坡口，为使焊接时达到一定的熔透深度，留有 1～2 mm 的根部间隙。有的焊件在整个厚度上不要求全部焊透，可进行单面焊接，但必须保证焊缝的熔透深度不小于板厚的 0.7 倍。如果产品要求在整个厚度上全部焊透，就应该在焊缝背面用碳弧气刨清根后再焊，即形成不开坡口的双面焊接对接接头。

② 开坡口的对接接头：开坡口的主要目的是保证接头根部焊透，以便于清除熔渣，获得优质的焊接接头，而且坡口还可以调节焊缝的熔合比（即母材金属在焊缝中占的比例）。一般钢板厚度为 6～40 mm 时，采用 V 形坡口，这种坡口的特点是加工容易，但焊件容易产生角变形；钢板厚度为 12～60 mm 时，可采用 X 形坡口，这种坡口主要用于大厚度以及要求变形较小的结构中；钢板厚度为 20～60 mm 时，可采用 U 形坡口，其特点是焊敷金属量最少，焊缝的熔合比小，但加工较为困难，一般较少使用，只用于较重要

的焊接结构。

（2）T 型接头

一焊件之端面与另一焊件表面构成直角或近似直角的接头，称为 T 形接头（如图 1 - 21 所示）。

T 形接头的使用范围仅次于对接接头，特别是造船厂的船体结构中，约 70％的焊缝是这种接头形式。根据焊件厚度不同，T 形接头的垂直板可分为 I 形、单边 V 形、双单边 V 形及带钝边双 J 形坡口四种形式。

当钢板厚度在 2～30 mm 时，可采用 I 形坡口。若 T 形接头在焊缝要求承受载荷时，则应按照钢板厚度和对结构强度的要求，可分别考虑选用单边 V 形、双单边 V 形或带钝边双 J 形等坡口形式，使接头焊透，保证接头强度。

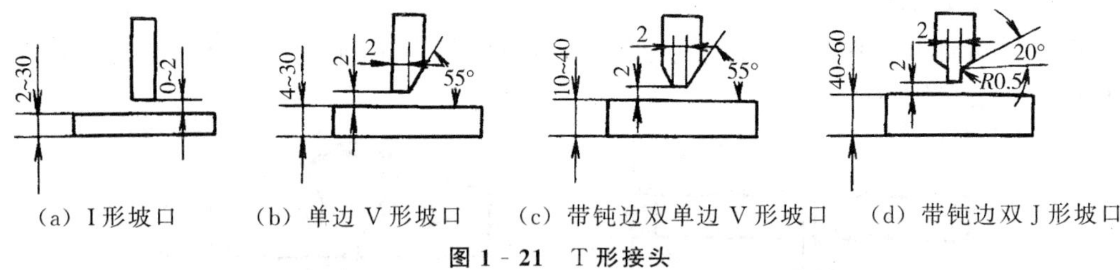

（a）I 形坡口　（b）单边 V 形坡口　（c）带钝边双单边 V 形坡口　（d）带钝边双 J 形坡口

图 1 - 21　T 形接头

（3）角接接头　两焊件端面间构成大于 30°，小于 135°夹角的接头，称为角接接头（如图 1 - 22 所示）。

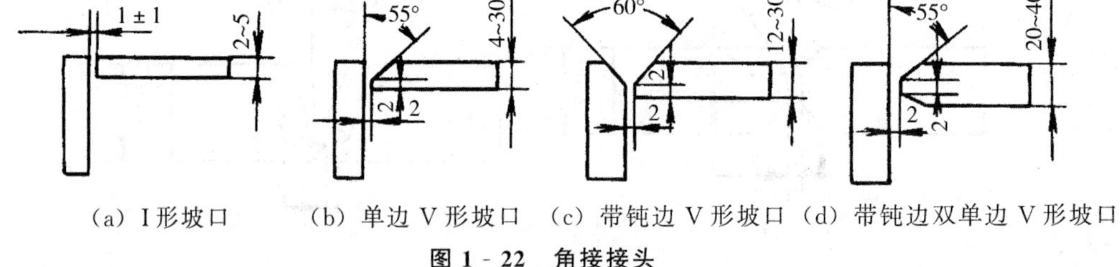

（a）I 形坡口　（b）单边 V 形坡口　（c）带钝边 V 形坡口　（d）带钝边双单边 V 形坡口

图 1 - 22　角接接头

角接接头承载能力较差，一般用于不重要的结构中，根据焊件的厚度不同可分为 I 形坡口、单边 V 形坡口、带钝边 V 形坡口及带钝边双单边 V 形坡口，但开坡口的角接接头在结构中较少采用。

（4）搭接接头

两焊件部分重叠构成的接头称为搭接接头。（如图 1 - 23 所示）。

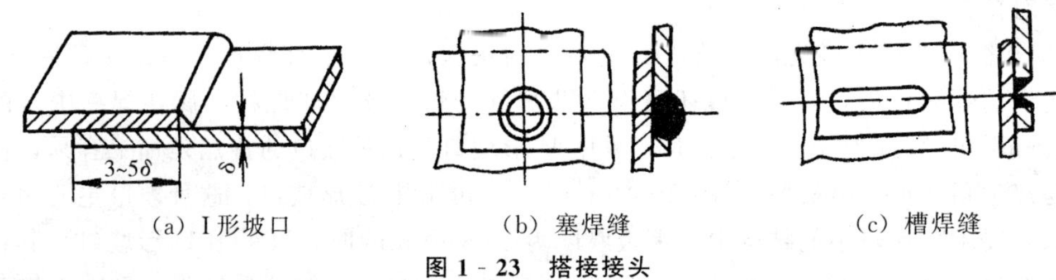

（a）I 形坡口　（b）塞焊缝　（c）槽焊缝

图 1 - 23　搭接接头

搭接接头根据其结构形式和对强度的要求不同，可分为I形坡口、塞焊缝或槽焊缝。

I形坡口的搭接接头，其重叠部分为3～5倍板厚，并采用双面焊接。这种接头的装配要求不高，但承载能力低，只用在不重要的结构中。当结构重叠部分的面积较大时，为了保证结构强度，可根据需要分别选用圆孔塞焊缝和长孔槽焊缝的形式。搭接接头特别适用于被焊结构狭小处及密闭的焊接结构。

2. 坡口的选择原则

上述各种接头形式在选择坡口形式时，应尽量减少焊缝金属的填充量，便于装配和保证焊接接头的质量，因此应考虑下列几条原则：

① 保证焊件焊透；

② 坡口的形状容易加工；

③ 尽可能节省焊接材料，提高生产率；

④ 焊接后焊件变形尽可能小。

3. 焊缝形式

焊缝是构成焊接接头的主体部分，焊缝按不同的分类方法可有以下几种划分：

① 按焊缝在空间位置分类，有平焊缝、立焊缝、横焊缝及仰焊缝四种形式。

② 按焊缝的结构形式分类，有对接焊缝、角焊缝及塞焊缝三种形式。

③ 按焊缝断续情况分类，有定位焊缝、连续焊缝及断续焊缝三种形式。

任务实施

1. 焊前准备

① 焊件材质：Q235A。

② 焊件尺寸：12 mm×100 mm×200 mm，两件。

③ 焊条型号：E5015，ϕ3.2 mm，ϕ4.0 mm。

④ 焊接设备型号：WS-400型。

2. 焊件装配

① 清理钢板坡口和两侧表面各20 mm范围内的油污、铁锈及氧化物等，直至呈现金属光泽为止。

② 装配间隙为3.2～4.0 mm，钝边0.5～1.0 mm，反变形2°～3°，错边量≤0.5 mm。

③ 在试件两端坡口内进行定位焊，焊缝长度为10～15 mm，将焊缝接头预先打磨成斜坡。

3. 焊接工艺参数

低碳钢V形坡口对接平焊工艺参数见表1-16。

表1-16　低碳钢V形坡口对接平焊工艺参数

焊接层次	焊条直径/mm	焊接电流/A
打底层	3.2	90～110
填充层	3.2/4.0	100～115/105～130
盖面层	3.2/4.0	95～110/110～120

4. 操作要领

(1) 打底焊

平焊打底层采用灭弧法焊接，焊条与焊件之间的角度为 90°，焊条与焊接方向的角度为 15°～35°。将试件固定在操作架上，间隙小的一端在左方，间隙大的一端在右方，焊接方向自左而右。

控制引弧位置。开始施焊时，焊条在试件的左端定位焊缝上，通过划擦引燃电弧。电弧燃烧稳定形成熔池后，焊条左右摆动，连弧焊至定位焊缝端头时，稍抬起焊条，并向焊缝背面送去。当听到击穿声形成熔孔后，果断灭弧，在熔池还没有完全冷却时，立即在坡口的一侧熔池边引燃电弧，带至坡口另一侧。熔池边缘熔合良好，形成熔池并形成熔孔后，再果断灭掉电弧，这样往复击穿直至焊完。

打底层焊接时，为得到良好的背面成形和优质焊缝，焊接电弧应控制短些，灭弧果断，往复击穿要压住熔池，否则背面焊缝容易产生咬边。击穿时应使焊接电弧的 2/3 覆盖在熔池上，电弧的 1/3 对着坡口间隙形成熔孔。

控制熔孔的形状和大小。熔孔深入母材两侧各控制在 0.5～1 mm 左右，熔池表面呈水平的椭圆形较好。注意熔孔不能打开太大，以免造成铁水下坠和背面咬边。

焊接过程中，电弧应尽可能短些，使焊条药皮熔化时产生的气体和熔渣能可靠地保护熔池，防止产生气孔。每当焊完一根焊条收弧时，应在熔池一侧的坡口上补充 1～2 滴铁水，使熔池缓慢降温，防止产生弧坑、裂纹、气孔等焊接缺陷。注意补充的铁水不要太厚，为接头做好准备。

控制好接头质量。打底层焊缝上的接头好坏，直接影响背面焊缝成形。接头不好可能会出现凹坑、局部凸起太高，甚至产生焊瘤。

接头时采用热接法，因此更换焊条的速度要快，当前一根焊条的收头熔池还没有完全冷却时，在熔池左侧 10 mm 处引弧。电弧引燃后连弧焊至收头熔孔时稍加停顿，再将焊条向试件背面压送，并稍停留，形成新的熔池且背面穿透后，果断将电弧灭掉，然后进行正常的焊接。

打底层焊接时，除应避免产生各种缺陷外，正面焊缝还应保持平整，避免凸起和坡口两侧出现“死角”，否则填充层易产生夹渣、焊瘤等缺陷。

特别提示：打底层焊缝背面余高为 1～3 mm，焊接过程中应保持正确的焊条角度，熔孔不易开的太大，避免出现焊瘤和背面咬边等缺陷。

(2) 填充焊

填充层施焊前，应将打底层的熔渣和飞溅清理干净，打底层的接头处应修复平整。填充层的焊条与焊接方向角度约为 70°～80°。

采用锯齿形或月牙形的运条方法。开始填充时，焊条在焊缝的左端划擦引弧，引燃电弧后，起头焊条摆动稍慢，待温度合适后，再做锯齿形摆动，注意观察熔池要保持水平状态。焊条做锯齿形摆动时，中间过渡要快，在坡口两侧停顿的时间要稍长些，这样有利于温度向坡口两侧扩散，防止两侧咬边，同时还应注意电弧不能抬起过高，以免出现气孔和破坏坡口的棱边。填充层内部质量的好坏与填充层的接头质量有着直接关系。填充层接头时，更换焊条的速度要快，熔池还未完全冷却时，在收头熔池的左方约 10～15 mm 处划擦引燃电弧，然后把焊条拉到收尾熔池处，稍加停顿，把弧坑填满即可正常施焊。在焊缝中间接头时，切不可直接在接头处引弧进行焊接，这样易使焊条端部裸露的焊芯在引弧时因无药皮保护而产生密集气孔，气孔留在焊缝中会影响焊缝的质量。

填充层焊完后的焊缝应比坡口边缘低约 1～1.5 mm，使焊缝平整或呈凹形，便于盖面时看清坡口边缘，为盖面层的施焊打好基础。

特别提示：焊接时不能熔化左、右坡口的棱边，为盖面焊打好基础。

（3）盖面焊

盖面层施焊前，应将前一层的熔渣和飞溅清除干净。施焊时的焊条角度、运条方法、接头方法与填充层相同，只是焊条摆动的幅度比填充层更宽。施焊时应注意运条速度要均匀、宽窄一致，焊条摆动到坡口两侧时应将电弧进一步压低，并稍加停顿，避免咬边。

盖面层的接头方法与填充层相同，处理好盖面焊缝的中间接头是焊好盖面焊缝的重要环节。如果接头位置偏左，则其接头部位焊肉过高；若偏右，则造成焊道脱节。因此一定要保证接头熔池覆盖好收头熔池，以保证焊缝的完美。

盖面焊缝焊后的余高应为 0～4 mm，余高差≤3 mm，焊缝的宽度差≤3 mm。

特别提示：盖面焊缝焊完以后，首先要把焊缝飞溅和熔渣清理干净；焊缝表面要保持原始状态，不得修补。

（4）清理试件，整理现场

焊接完毕后，将焊缝两侧的飞溅清理干净。将工位内的焊机断电，工具复位，场地清理干净。

特别提示：清理试件时，不能破坏焊缝原始表面。

任务小结

任务小结见表 1 - 17。

表 1 - 17　低碳钢板 V 形坡口对接平焊任务小结

注意事项	操作技巧
1. 焊前注意穿戴个人劳保用品，检查设备各接线处是否有松动现象；焊把及电缆线是否有破损；防止漏电和接触不良现象 2. 了解焊接接头和焊接坡口；掌握坡口的选择原则	1. 掌握 V 形坡口对接平焊操作技能 2. 焊接过程中，控制好焊条运条角度、速度，电弧长度 3. 掌握打底层、填充层、盖面层的操作手法

任务评价

任务评价见表1-18。

表1-18 低碳钢板V形坡口对接平焊评分标准

班级　　　　　　姓名　　　　　　　　　　　　　　　　　　　　　　年　　月　　日

考件名称	低碳钢板V形坡口对接平焊	时限	60 min	总分	
项目	考核技术要求	配分	评分标准		得分
焊前准备	各种设备、工具的安装使用	5	使用和安装方法不正确扣1～5分		
	焊接参数的选择	5	不正确不得分		
焊件尺寸外观质量	焊缝余高（h）$0 \leqslant h \leqslant 2$ mm	8	每超差1 mm扣2分		
	焊缝余高差（h_1）$0 \leqslant h_1 \leqslant 2$ mm	5	每超差1 mm扣1分		
	焊缝宽度16～18 mm	5	每超差1 mm扣1分		
	焊缝宽度差（c_1）$0 \leqslant c_1 \leqslant 1$ mm	5	每超差1 mm扣1分		
	焊缝边缘直线度误差≤2 mm	8	每超差1 mm扣1分		
	咬边缺陷深度$F \leqslant 0.5$mm；累计长度小于20 mm	8	每超差1 mm扣2分，扣8分为止		
	焊缝背面余高（h）$0 \leqslant h \leqslant 1.5$ mm	5	每超差0.5 mm扣2分，扣5分为止		
	未焊透	5	出现缺陷不得分		
	错边量	5	每超差0.5mm扣1分		
	角变形	5	每超差0.5 mm扣1分		
	夹渣	5	每出现一处缺陷扣3分		
	气孔	5	处理不当不得分		
	接头无脱节	5	每出现一处脱节扣3分		
	焊缝表面波纹细腻均匀，成形美观	6	根据成形酌情扣分		
安全文明生产	按照国家安全生产法规有关规定考核	5	视违反规定的程度扣1～5分		
时限	焊件必须在考核时间内完成	5	超时≤5 min扣2分 超时<5～10 min扣5分 超时20 min不及格		

任务 1.5　低碳钢板 V 形坡口对接立焊

工作任务

① 读懂图样（见图 1－24），合理选择焊接参数；
② 调节设备参数，控制运条速度，完成焊件焊接，保证焊缝质量；
③ 焊接的各项尺寸控制在偏差范围内。

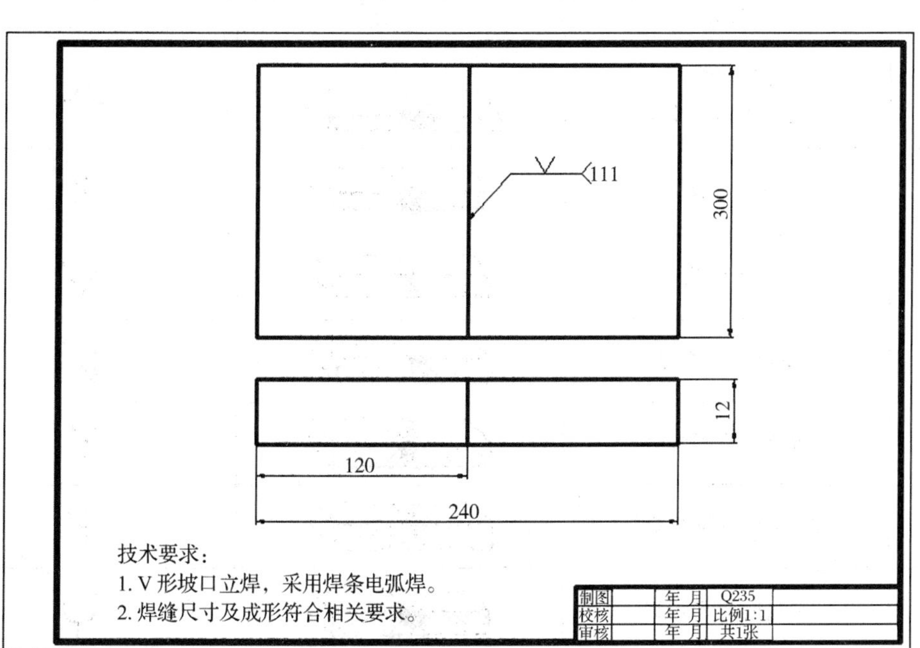

图 1－24　低碳钢板 V 形坡口对接立焊图样

任务目标

任务目标见表 1－19。

表 1－19　低碳钢板 V 形坡口对接立焊任务目标

知识目标	熟悉焊缝符号相关知识点 掌握焊条电弧焊 V 形坡口对接立焊的操作工艺，工艺参数的设置及运条的方式
能力目标	掌握焊条电弧焊单面焊双面成型技术 能够正确熟练运用焊条电弧焊设备对焊件进行 V 形坡口对接立焊，并保证焊缝质量
素质目标	提升学生解决问题的实际能力

相关知识

主要介绍焊缝符号。

在图样上标注焊缝形式、焊缝尺寸及焊接方法的符号称为焊缝符号。焊缝符号国家标准为 GB/T324-1988。焊缝符号一般由基本符号与指引线组成。必要时还可以加上辅助符号、补充符号和焊缝尺寸符号。

1. 基本符号

基本符号是表示焊缝横截面形状的基本符号，见表 1 - 20 所示。

表 1 - 20　基本符号

序号	名称	示意图	符号
1	卷边焊缝① （卷边完全熔化）		
2	I 形焊缝		
3	V 形焊缝		
4	单边 V 形焊缝		
5	带钝边 V 形焊缝		
6	带钝边单边 V 形焊缝		
7	带钝边 U 形焊缝		
8	带钝边 J 形焊缝		
9	封底焊缝		
10	角焊缝	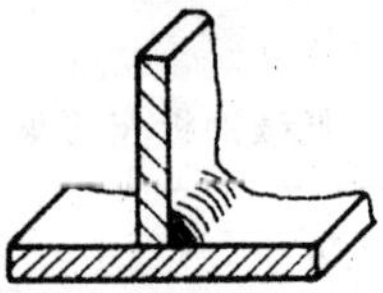	
11	槽焊缝或塞焊缝	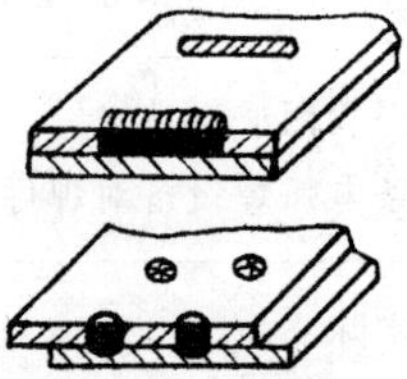	

续　表

序号	名称	示意图	符号
12	点焊缝		○
13	缝焊缝		⊖

注：①完全熔化的卷边焊缝用 I 形焊缝符号表示，并注加焊缝有效厚度。

2. 辅助符号

辅助符号是表示焊缝表面形状特征的符号，见表 1 - 21 所示。

表 1 - 21　辅助符号

序号	名称	示意图	符号	说明
1	平面符号		—	焊缝表面齐平（一般通过加工）
2	凹面符号		◡	焊缝表面凹陷
3	凸面符号		⌒	焊缝表面凸起

辅助符号是在需要确切地说明焊缝的表面形状时，加在基本符号的旁边，否则可以不用。

辅助符号的应用示例，见表 1 - 22 所示。

表 1 - 22　辅助符号的应用示例

名称	示意图	符号
平面 V 形对接焊缝		V̄
凸面 X 形对接焊缝		X（上下加凸面符号）
凹面角焊缝		◺(

续　表

名称	示意图	符号
平面封底 V 形焊缝		

3. 补充符号

见表 1 - 23 所示。

表 1 - 23　补充符号

序号	名称	示意图	符号	说明
1	带垫板符号①			表示焊缝底部有垫板
2	三面焊缝符号①	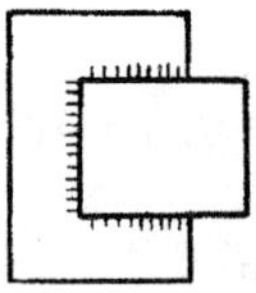		表面三面带有焊缝
3	周围焊缝符号	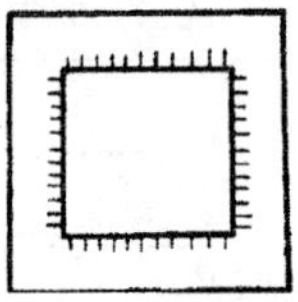		表示环绕工件周围焊缝
4	现场符号			表示在现场或工地上进行焊接
5	尾部符号			可以参照 GB/T5185 标注焊接工艺方法等内容

补充符号的应用示例，见表 1 - 24 所示。

表 1 - 24　补充符号的应用示例

示意图	标注示例	说明
	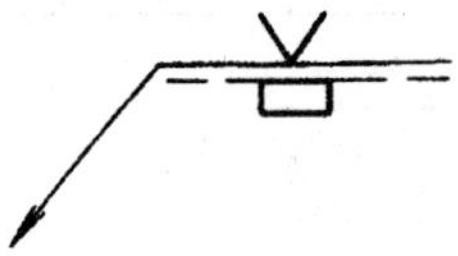	表示 V 形焊缝的背面底部有垫板
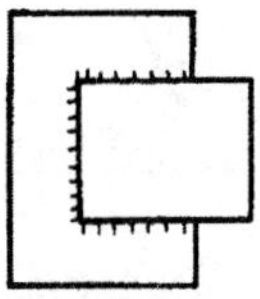		工件三面带有焊缝，焊接方法为手工电弧焊的角焊缝

续　表

示意图	标注示例	说明
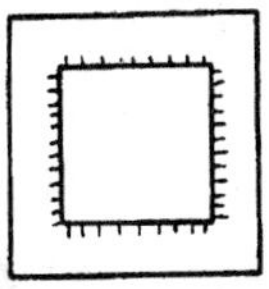	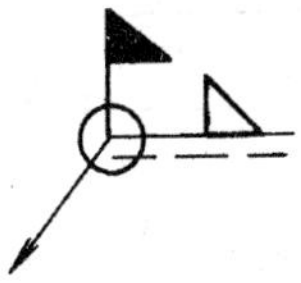	表示在现场沿工件周围施焊的角焊缝

4. 焊缝尺寸符号

焊缝尺寸符号是表示坡口和焊缝特征尺寸的符号，见表 1-25 所示。

表 1-25　坡口和焊缝特征尺寸符号

符号	名称	示意图	符号	名称	示意图
δ	工件厚度	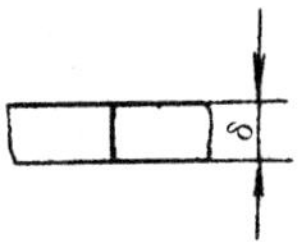	c	焊缝宽度	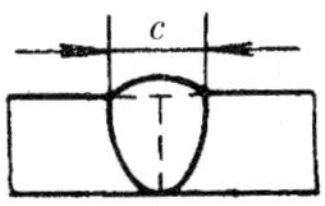
α	坡口角度	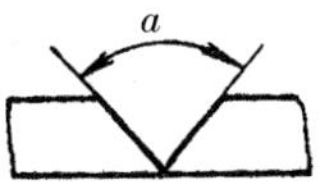	R	根部半径	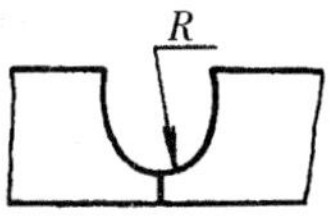
b	根部间隙	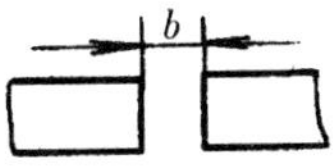	l	焊缝长度	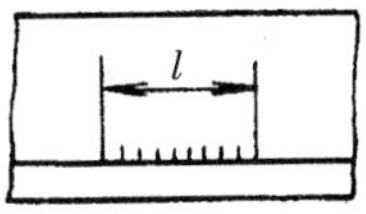
p	钝边高度	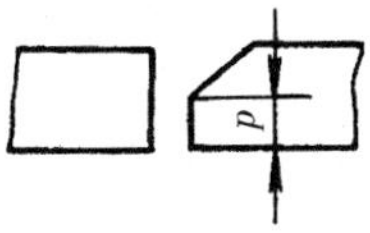	n	焊缝段数	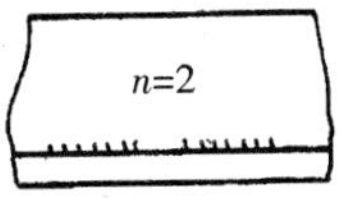 $n=2$
e	焊缝间距	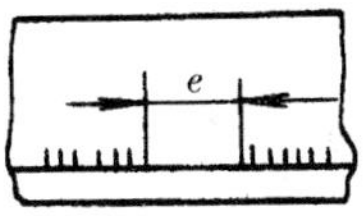	N	相同焊缝数量	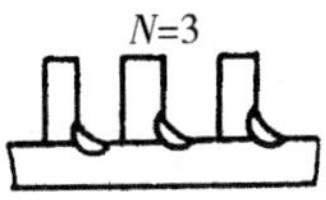 $N=3$
K	焊角尺寸	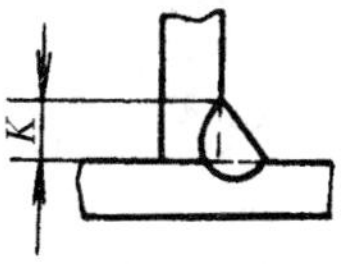	H	坡口深度	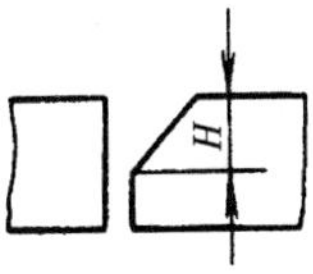
d	熔核直径	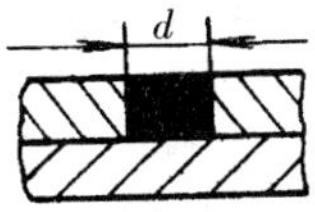	h	余高	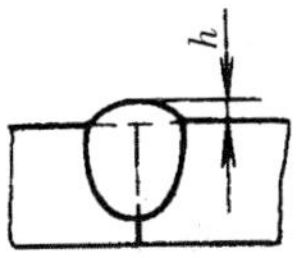
S	焊缝有效厚度	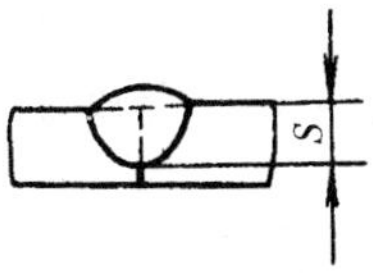	β	坡口面角度	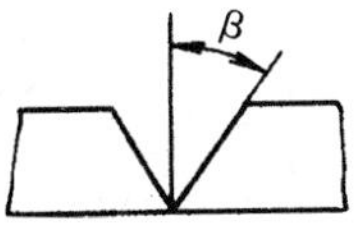

焊缝尺寸的标注示例，见表 1 - 26 所示。

表 1 - 26　焊缝尺寸标注示例

序号	名称	示意图	焊缝尺寸符号	示　例
1	对接焊缝	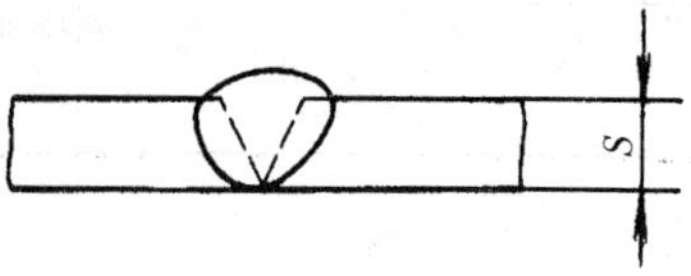 S	S：焊缝有效厚度	 S V
		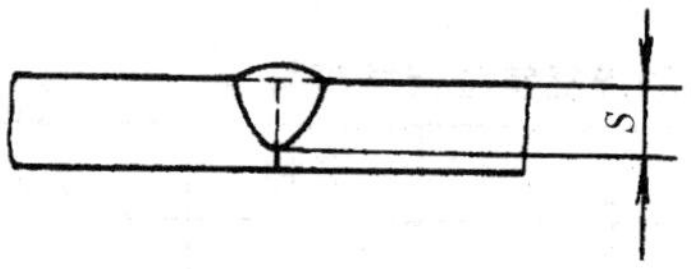 S		S‖
		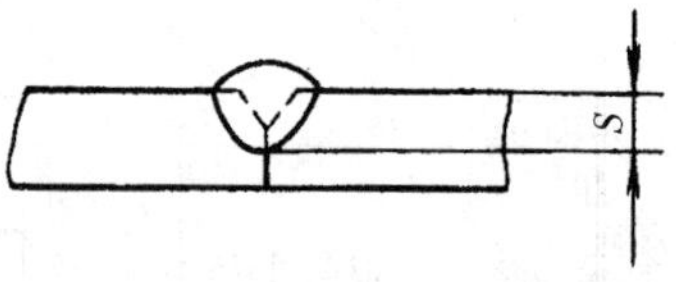 S		 S Y
2	卷边焊缝	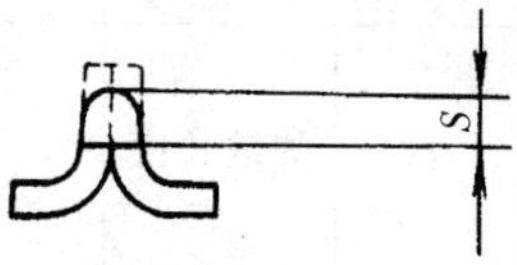 S	S：焊缝有效厚度	S‖
		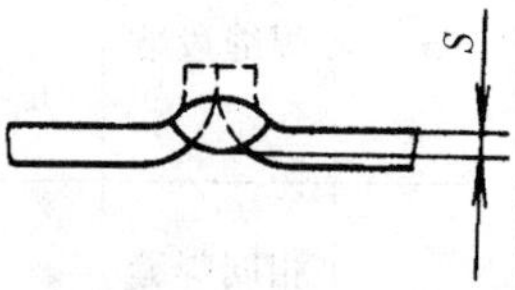 S		 S八
3	连续角焊缝	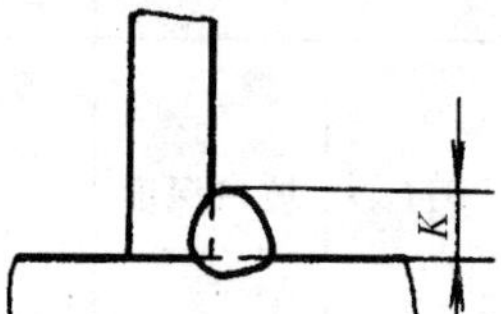 K	K：焊脚尺寸	 K◺
4	断续角焊缝	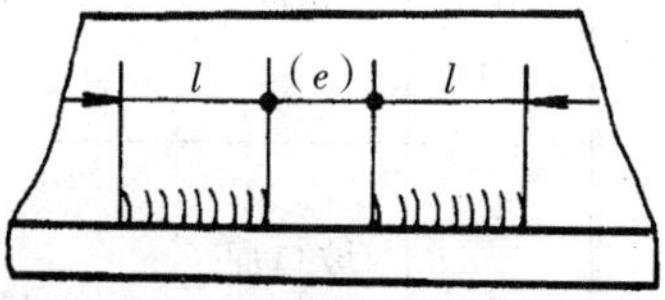 l (e) l	l：焊缝长度（不计弧度） e：焊缝间距 n：焊缝段数	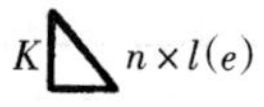 K◺ n×l(e)

续 表

序号	名称	示意图	焊缝尺寸符号	示 例
5	交错断续角焊缝	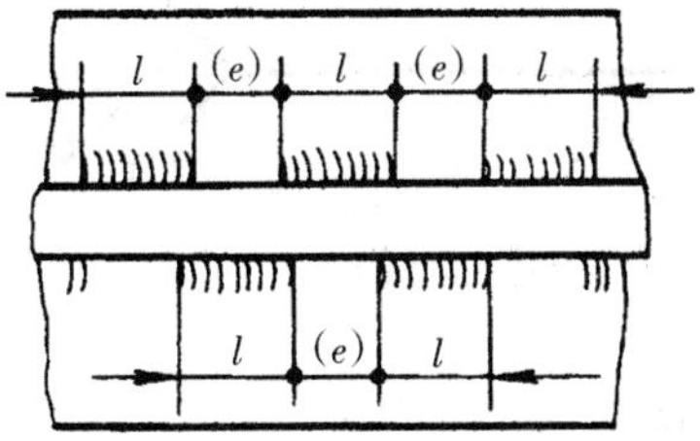	l、e、n 见序号 4 K：见序号 3	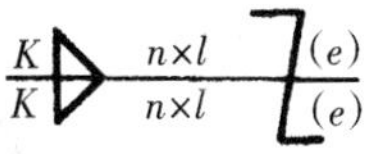 K $n\times l$ (e) K $n\times l$ (e)
6	塞焊缝或槽焊缝	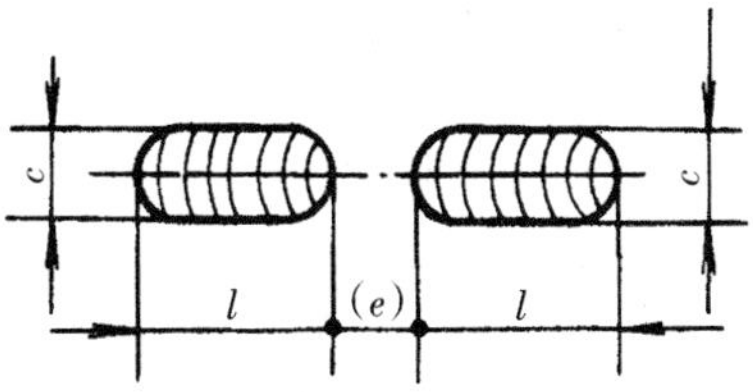	l、e、n 见序号 4 c：槽宽	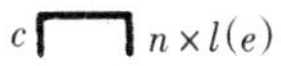 c $n\times l(e)$
		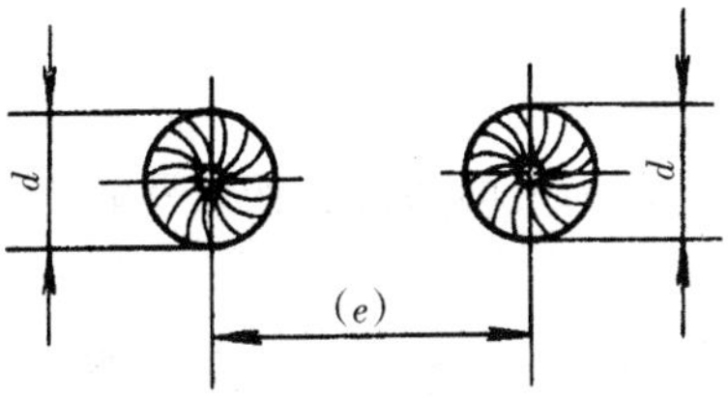	n、e 见序号 4 d：孔的直径	 d $n\times(e)$
7	缝焊缝	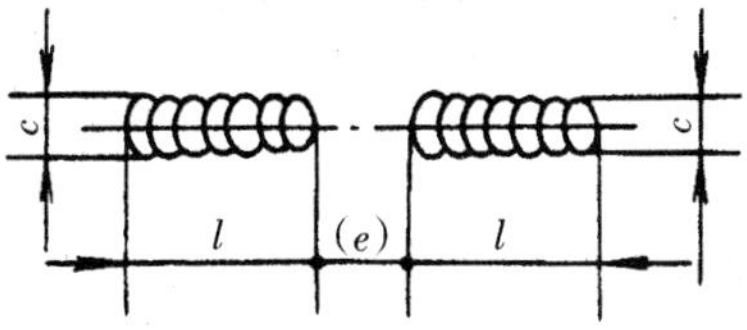	l、e、n 见序号 4 c：焊缝宽度	 c $n\times l(e)$
8	点焊缝	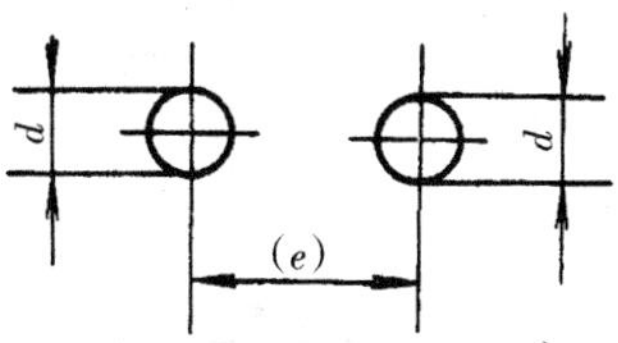	n：见序号 4 e：间距 d：焊点直径	 d $n\times l(e)$

5. 指引线

指引线一般由带有箭头的箭头线和两条基准线（一条为实线，另一条为虚线）两部分组成（见图 1 - 25 所示）。必要时可在基准线的实线末端加一尾部符号，进行其他说明用（如焊接方法等）。

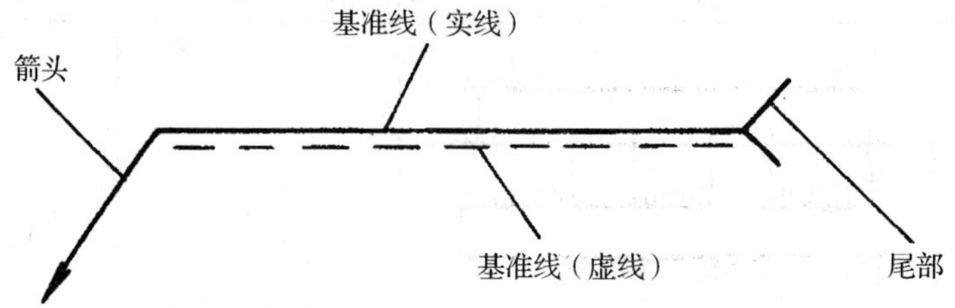

图 1-25　标注焊缝的指引线

任务实施

1. 焊前准备

① 焊件材质：Q235A。

② 焊件尺寸：12 mm×100 mm×200 mm，两件。

③ 焊条型号：E5015，ϕ3.2 mm，ϕ4.0 mm。

④ 焊接设备型号：WS-400 型。

2. 焊件装配

① 清理钢板坡口和两侧表面各 20 mm 范围内的油污、铁锈及氧化物等，直至呈现金属光泽为止。

② 装配间隙为 3.2～4.0 mm，钝边 0.5～1.0 mm，反变形 2°～3°，错边量≤0.5 mm。

③ 在试件两端坡口内进行定位焊，焊缝长度为 10～15 mm，将焊缝接头预先打磨成斜坡。

3. 焊接工艺参数

低碳钢 V 形坡口对接立焊工艺参数见表 1-27。

表 1-27　低碳钢 V 形坡口对接立焊焊接工艺参数

焊接层次	焊条直径/mm	焊接电流/A
打底层	3.2	90～110
填充层	3.2/4.0	95～110/100～120
盖面层	3.2/4.0	90～105/105～115

4. 操作要领

(1) 打底焊

立焊打底层采用灭弧法焊接，焊条角度如图 1-26 所示。

焊条与焊件之间的角度为 90°，焊条与焊缝之间的角度为 60°～70°。

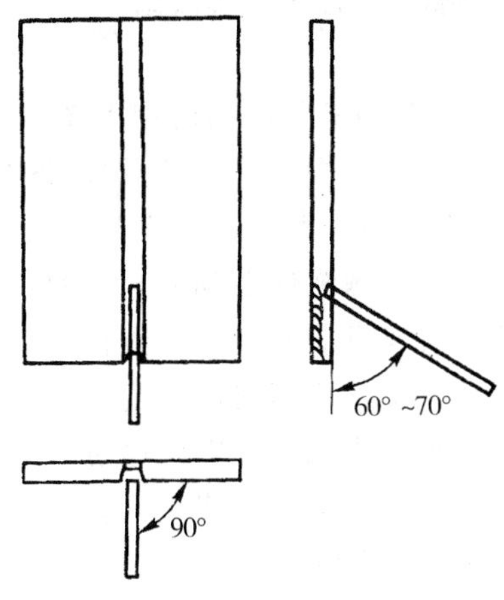

图 1 - 26　焊条的角度

将试件固定在操作架上，间隙小的一端在下方，间隙大的一端在上方，焊接方向自下而上。

控制引弧位置　开始施焊时，焊条在试件的下端定位焊缝上，通过划擦引燃电弧．电弧燃烧稳定形成熔池后，焊条左右摆动，连弧焊至定位焊缝端头时，稍抬起焊条，并向焊缝背面送去．当听到击穿声形成熔孔后，果断灭弧，在熔池还没有完全冷却时，立即在坡口的一侧熔池边引燃电弧，带至坡口另一侧。熔池边缘熔合良好，形成熔池并打开熔孔后，再果断灭掉电弧，这样往复击穿直至焊完。

打底层焊接时，为得到良好的背面成形和优质焊缝，焊接电弧应控制短些，灭弧果断，往复击穿要压住熔池，否则背面焊缝容易产生咬边。击穿时应使焊接电弧的 2/3 覆盖在熔池上，电弧的 1/3 对着坡口间隙形成熔孔。

控制熔孔的形状和大小。立焊熔孔可以稍大些，控制在深入母材两侧各 0.5～1 mm 左右，熔池表面呈水平的椭圆形较好。但熔孔也不能打开太大，以免造成铁水下坠和背面咬边。

焊接过程中，电弧应尽可能短些，使焊条药皮熔化时产生的气体和熔渣能可靠地保护熔池，防止产生气孔。每当焊完一根焊条收弧时，应在熔池一侧的坡口上补充 1～2 滴铁水，使熔池缓慢降温，防止产生弧坑裂纹、气孔等焊接缺陷。注意补充的铁水不要太厚，为接头做好准备。

控制好接头质量。打底层焊缝上的接头好坏，直接影响背面焊缝成形。接头不好可能会出现凹坑、局部凸起太高，甚至产生焊瘤。

接头时采用热接法，因此更换焊条的速度要快，当前一根焊条的收头熔池还没有完全冷却时，在熔池下方 10 mm 处引弧。电弧引燃后连弧焊至收头熔孔时稍加停顿，再将焊条向试件背面压送，并稍停留，形成新的熔池且背面穿透后，果断将电弧灭掉，然后进行正常的焊接。

打底层焊接时，除应避免产生各种缺陷外，正面焊缝还应保持平整，避免凸起和坡口两侧出现“死角”，否则填充层易产生夹渣、焊瘤等缺陷。

特别提示：打底层焊缝背面余高为 1～3 mm，焊接过程中应保持正确的焊条角度，熔孔不易开的太大，避免出现焊瘤和背面咬边等缺陷。

（2）填充焊

填充层施焊前，应将打底层的熔渣和飞溅物清理干净，打底层的接头处应修复平整。填充层的焊条角度约为60°～70°。采用“小8字形”的运条方法。开始填充时，焊条在焊缝的最下端划擦引弧，引燃电弧后，起头焊条摆动稍慢，待温度合适后，再做横向摆动，注意观察熔池要保持水平状态。焊条做横向摆动时，中间过渡要快，在坡口两侧停顿的时间要稍长些，这样有利于温度向坡口两侧扩散，防止焊缝中间出现下坠，同时还应注意电弧不能抬起过高，以免出现气孔和破坏坡口的棱边。填充层内部质量的好坏与填充层的接头质量有着直接关系。填充层接头时，更换焊条的速度要快，熔池还未完全冷却时，在收头熔池的上方约10～15 mm处划擦引燃电弧，然后把焊条拉到收头熔池处，稍加停顿，把弧坑填满即可正常施焊。在焊缝中间接头时，切不可直接在接头处引弧进行焊接，这样易使焊条端部裸露的焊芯在引弧时因无药皮保护而产生密集气孔，气孔留在焊缝中会影响焊缝的质量。填充层焊完后的焊缝应比坡口边缘低约1～1.5 mm，使焊缝平整或呈凹形，便于盖面。填充时看清坡口边缘，为盖面层的施焊打好基础。

特别提示：焊接时不能熔化左、右坡口的棱边，为盖面焊打好基础。

（3）盖面焊

盖面层施焊前，应将前一层的熔渣和飞溅物清除干净。施焊时的焊条角度、运条方法、接头方法与填充层相同，只是焊条水平摆动的幅度比填充层更宽。施焊时应注意运条速度要均匀、宽度一致，焊条摆动到坡口两侧时应将电弧进一步压低，并稍加停顿，避免咬边。盖面层的接头方法与填充层相同，处理好盖面焊缝的中间接头是焊好盖面焊缝的重要环节。如果接头位置偏下，则其接头部位焊肉过高；若偏上，则造成焊道脱节。因此一定要保证接头熔池覆盖好收头熔池，以保证焊缝的完美。盖面焊缝焊后的余高应为0～4 mm，余高差≤3 mm，焊缝的宽度差≤3 mm。

特别提示：盖面焊缝焊完以后，首先要把焊缝飞溅物和熔渣清理干净；焊缝表面要保持原始状态，不得修补。

（4）清理试件，整理现场

焊接完毕后，将焊缝两侧的飞溅物清理干净。将工位内的焊机断电，工具复位，场地清理干净。

特别提示：清理试件时，不能破坏焊缝原始表面。

任务小结

任务小结见表1-28。

表1-28 低碳钢V形坡口对接立焊任务小结

注意事项	操作技巧
1. 焊前注意穿戴个人劳保用品，检查设备各接线处是否有松动现象；焊把及电缆线是否有破损；防止漏电和接触不良现象 2. 掌握焊缝符号相关知识点	1. 掌握V形坡口对接立焊操作技能 2. 焊接过程中，控制好焊条运条角度、速度，电弧长度 3. 掌握打底层、填充层、盖面层的操作手法

任务评价

任务评价见表 1 - 29。

表 1 - 29 低碳钢 V 形坡口对接立焊评分标准

班级 姓名 年 月 日

考件名称	低碳钢板 V 形坡口对接立焊	时限	60 min	总分	
项目	考核技术要求	配分	评分标准		得分
焊前准备	各种设备、工具的安装使用	5	使用和安装方法不正确扣 1～5 分		
	焊接参数的选择	5	不正确不得分		
焊件尺寸外观质量	焊缝余高（h）$0 \leqslant h \leqslant 2$ mm	8	每超差 1 mm 扣 2 分		
	焊缝余高差（h_1）$0 \leqslant h_1 \leqslant 2$ mm	5	每超差 1 mm 扣 1 分		
	焊缝宽度 16～18 mm	5	每超差 1 mm 扣 1 分		
	焊缝宽度差（c_1）$0 \leqslant c_1 \leqslant 1$ mm	5	每超差 1 mm 扣 1 分		
	焊缝边缘直线度误差≤2 mm	8	每超差 1 mm 扣 1 分		
	咬边缺陷深度 $F \leqslant 0.5$ mm；累计长度小于 20 mm	8	每超差 1 mm 扣 2 分，扣去 8 分为止		
	焊缝背面余高（h）$0 \leqslant h \leqslant 1.5$ mm	5	每超差 0.5 mm 扣 2 分，扣去 5 分为止		
	未焊透	5	出现缺陷不得分		
	错边量	5	每超差 0.5 mm 扣 1 分		
	角变形	5	每超差 0.5 mm 扣 1 分		
	夹渣	5	每出现一处缺陷扣 3 分		
	气孔	5	处理不当不得分		
	接头无脱节	5	每出现一处脱节扣 3 分		
	焊缝表面波纹细腻均匀，成形美观	6	根据成形酌情扣分		
安全文明生产	按照国家安全生产法规有关规定考核	5	视违反规定的程度扣 1～5 分		
时限	焊件必须在考核时间内完成	5	超时≤5 min 扣 2 分 超时<5～10 min 扣 5 分 超时 20 min 不及格		

任务 1.6 低碳钢板 V 形坡口对接横焊

工作任务

① 读懂图样（见图 1－27），合理选择焊接参数；

② 调节设备参数，控制运条速度，完成焊件焊接，保证焊缝质量；

③ 焊接的各项尺寸控制在偏差范围内。

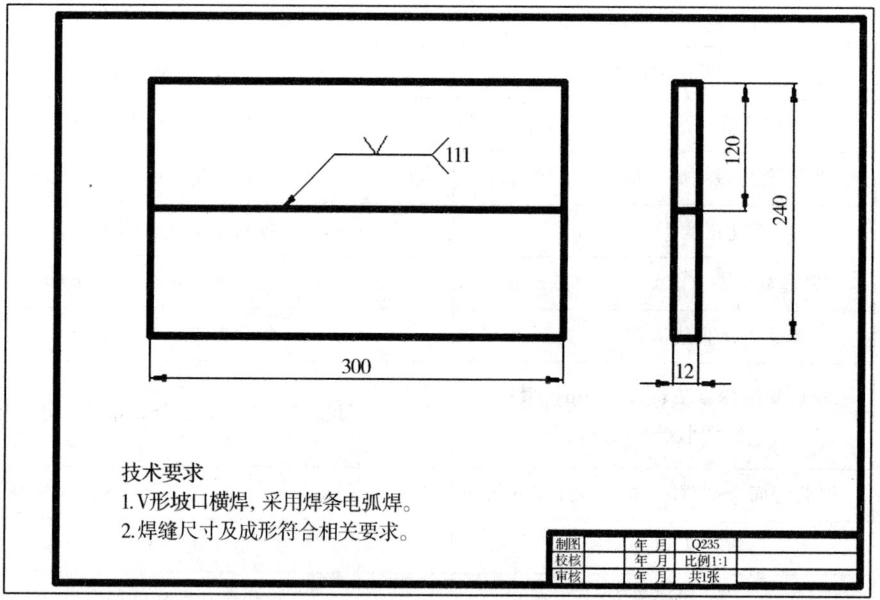

图 1－27 V 形坡口对接横焊图样

任务目标

任务目标见表 1－30。

表 1－30 低碳钢板 V 形坡口对接横焊任务目标

知识目标	熟悉焊条电弧焊电源相关知识点 掌握焊条电弧焊 V 形坡口对接横焊的操作工艺，工艺参数的设置及运条的方式
能力目标	掌握焊条电弧焊单面焊双面成型技术 能够正确熟练运用焊条电弧焊设备对焊件进行 V 形坡口对接横焊，并保证焊缝质量
素质目标	提升学生解决问题的实际能力

相关知识

1. 电弧焊机

常用的手弧焊机有弧焊变压器、弧焊整流器、弧焊发电机三种类型。

按照供应的电流性质，可分为交流弧焊机和直流弧焊机两大类。交流弧焊机是一种供电弧燃烧使用的降压变压器，亦称弧焊变压器。直流弧焊机根据所产生直流电的原理不同，又分为弧焊整流器和弧焊发电机。在生产中，如果采用酸性焊条（如 E4303 型），则选用弧焊变压器；如果采用碱性焊条（如 E5015 型），则选用弧焊整流器或弧焊发电机。由于弧焊发电机耗电量高、噪声大，所以逐渐被弧焊整流器所代替。

下面介绍几种常见的电弧焊机：

（1）BXl-330 型弧焊变压器

该焊机属于动铁芯式。焊机的外形和外部接线如图 1 - 28 所示。焊接电流的调节分粗调和细调两种。粗调是通过改变二次侧线圈的不同接法及匝数来实现。具体方法是改变焊机二次侧接线板上的连接铜片位置（如图 1 - 29 所示）。当连接铜片在位置Ⅰ时，焊接电流调节范围在 50～180 A；当连接铜片在位置Ⅱ时，焊接电流调节范围为 160～450 A。焊接电流细调节是通过改变动铁芯的位置来实现。具体方法是转动焊机侧面调节手柄，动铁芯向外移动，则焊接电流增大；动铁芯向内移动，则焊接电流就减小。但应注意焊机上刻度的电流数值精确度较差，使用时只能作为参考。可借助电流表调试所需的焊接电流值。

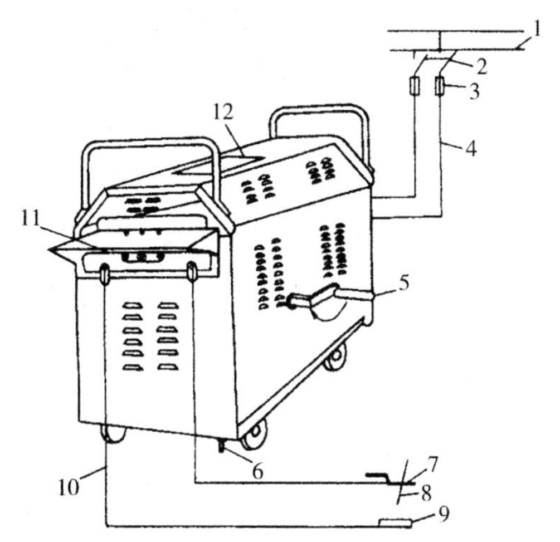

图 1 - 28　BX1-330 型弧焊变压器外部接线

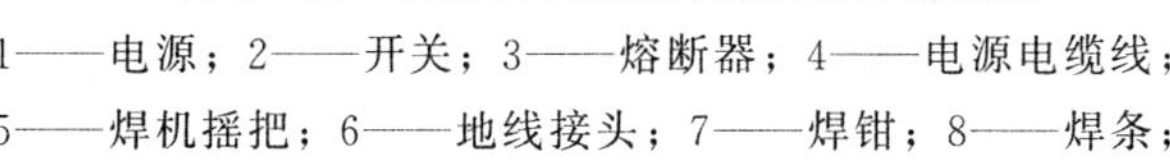

1——电源；2——开关；3——熔断器；4——电源电缆线；5——焊机摇把；6——地线接头；7——焊钳；8——焊条；9——焊件；10——焊接电缆线；11——粗调电流接线板；12——电流指示表

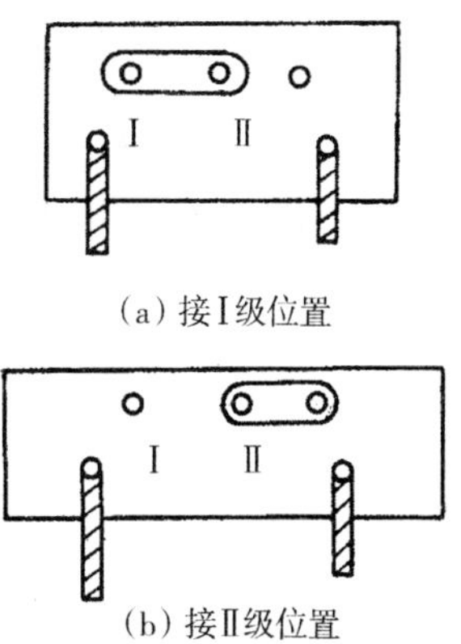

（a）接Ⅰ级位置

（b）接Ⅱ级位置

图 1 - 29　BX1-330 型弧焊变压器的电流粗调节

（2）BX3-300 型弧焊变压器

该焊机属于动圈式。外部接线与 BX1-330 型弧焊变压器相同。焊接电流也分粗调和细调两种，粗调是通过改变一、二次侧线圈的接线方式来实现（如图 1 - 30 所示）；当接为位置Ⅰ时，同时转动粗调转换开关与位置Ⅱ相对应，此时的接线为串联方式，焊接电流调节范围为 40～150 A。当接线为位置Ⅱ时，也应同时转动粗调转换开关使之与位置Ⅱ对应。焊接电流的调节范围为 120～380 A。细调节是摇动焊机顶部的手柄，通过改变活动线圈与固定线圈之间的距离来实现。手柄摇动时活动线圈会上、下移动，当活动线圈与固定线圈距离增大时，则焊接电流会减小；当距离减小时，则焊接电流会增大。使用时，先根据所需要的焊接电流值进行粗调，然后再细调，达到所需的电流值。

(3) ZXG-300 型弧焊整流器

该焊机属于磁放大式。焊机外形及外部接线如图 1 - 31 所示。焊接电流的调节方式只有一种，即转动焊机面板上的电流调节器，就可调节所需要的电流值。

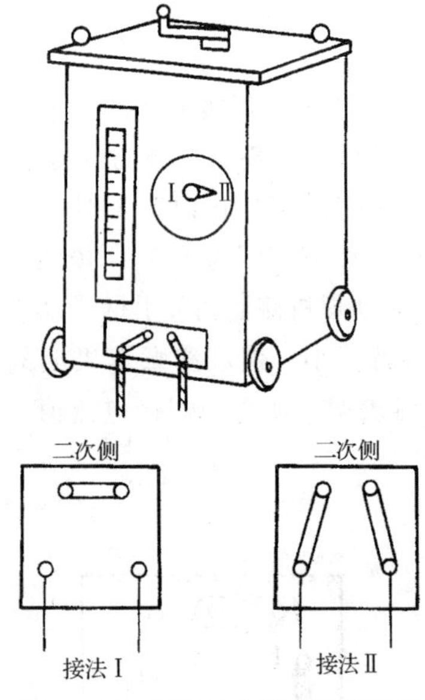

图 1 - 30　BX3-300 型弧焊变压器及电流的粗调节

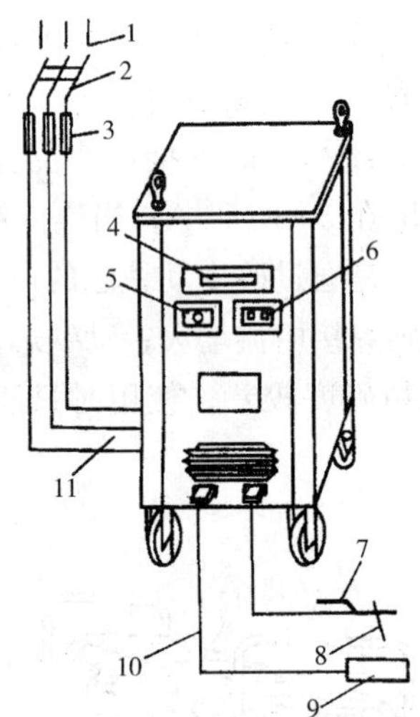

图 1 - 31　ZXG-300 型弧焊整流器的外部接线

1——电源；2——开关；3——熔断器；4——电流指示表；5——电流调节器；6——电源开关；7——焊钳；8——焊条；9——焊件；10——焊接电缆线；11——电源电缆线

任务实施

1. 焊前准备

① 焊件材质：Q235A。

② 焊件尺寸：12 mm×100 mm×200 mm，两件。

③ 焊条型号：E5015，ϕ3.2 mm，ϕ4.0 mm。

④ 焊接设备：WS-400 型。

2. 焊件装配

① 清理钢板坡口和两侧表面各 20 mm 范围内的油污、铁锈及氧化物等，直至呈现金属光泽为止。

② 装配间隙为 3.2～4.0 mm，钝边 0.5～1.0 mm，反变形 2°～3°，错边量≤0.5 mm。

③ 在试件两端坡口内进行定位焊，焊缝长度为 10～15 mm，将焊缝接头预先打磨成斜坡。

3. 焊接工艺参数

低碳钢 V 形坡口对接横焊工艺参数见表 1 - 31。

表 1 - 31 低碳钢 V 形坡口对接横焊工艺参数

焊接层次	焊条直径/mm	焊接电流/A
打底层	3.2	90～110
填充层	3.2/4.0	95～120/100～130
盖面层	3.2/4.0	100～105/105～115

4. 操作要领

(1) 打底焊

第一层打底焊采用间断灭弧击穿法。首先在定位焊点之前引弧，随后将电弧拉到定位焊点的尾部预热，当坡口钝边即将熔化时，将熔滴送至坡口根部，并压一下电弧，从而使熔化的部分定位焊缝和坡口钝边熔合成第一个熔池。当听到背面有电弧的击穿声时，立即灭弧，这时就形成明显的熔孔。然后，按先上坡口、后下坡口的顺序依次往复击穿灭弧焊。

灭弧时，焊条向后下方动作要快速、干净利落（如图 1 - 32 所示）。从灭弧转入引弧时，焊条要接近熔池，待熔池温度下降、颜色由亮变暗时，迅速而准确地在原熔池上引弧焊接片刻，再马上灭弧。如此反复地引弧→焊接→灭弧→引弧。

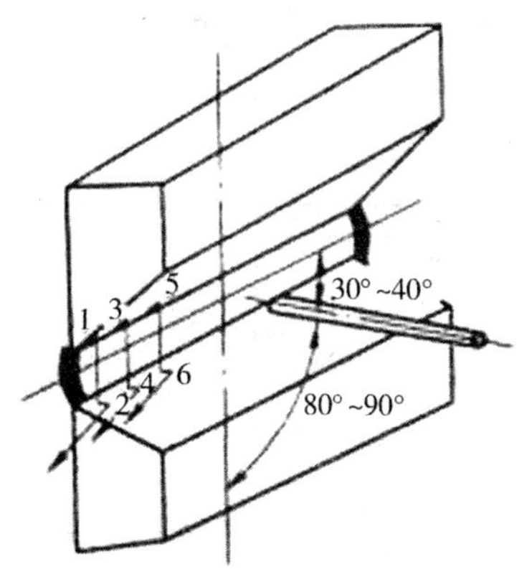

图 1 - 32 V 形坡口对接横焊

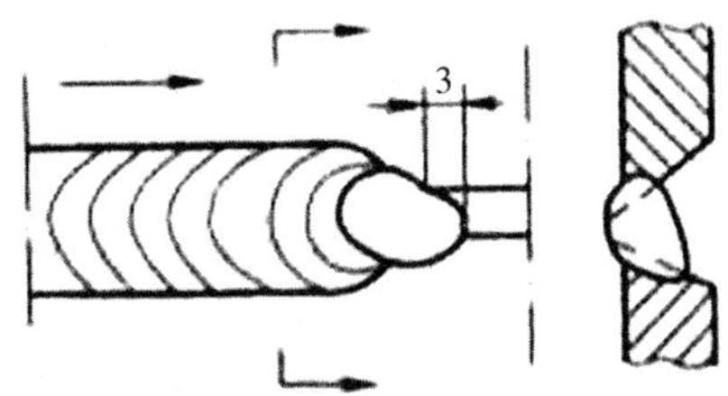

图 1 - 33 坡口两侧熔孔示意图

打底焊击穿引弧法：

焊接时要求下坡口面击穿的熔孔始终超前上坡口面熔孔 0.5～1 个熔孔，直径 3 mm 左右（如图 1 - 33 所示），以防止熔化金属下坠造成黏接，出现熔合不良的缺陷。

在更换焊条灭弧前，必须向背面补充几滴熔滴，防止背面出现冷缩孔。然后将电弧拉到熔池的侧后方灭弧。接头时，在原熔池后面 10～15 m 处引弧，焊至接头处稍拉长电弧，借助电弧的吹力和热量重新击穿钝边，然后压低电弧并稍做停顿，形成新的熔池后，再转入正常的往复击穿焊接。

(2) 填充层焊

填充层的焊接采用多层多道（共 2 层，每层 2 道）焊接层次及焊道次序。每道焊道均采用直线形或直线往返形运条，焊条前倾角为 80°～85°，下倾角根据坡口上、下侧与打底焊道间夹角处熔化情况调整，防止产生未焊透与夹渣等缺陷，并且使上焊道覆盖下焊道 1/2～2/3，防止焊层过高或形成沟槽，如图 1 - 34 所示。

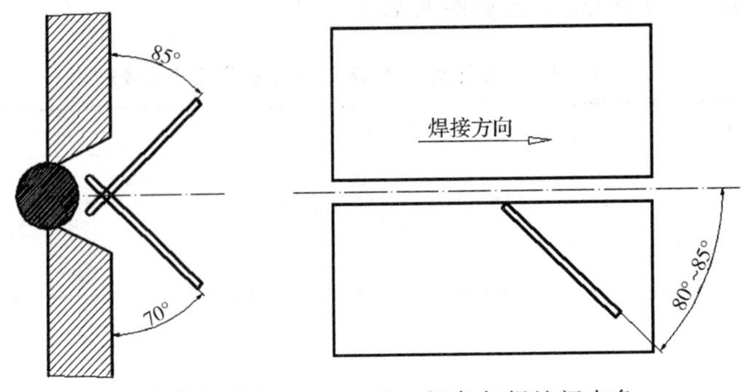

（a）焊条与焊件间夹角　　（b）焊条与焊缝间夹角

图 1 - 34　横焊时填充层的焊条角度

（3）盖面层焊

盖面层焊接也采用多道焊（分三道）、焊条角度，如图 1 - 35 所示。上、下边缘焊道施焊时，运条应稍快些，焊道尽可能细、薄一些，这样有利于盖面焊缝与母材圆滑过渡。盖面焊缝的实际宽度以上、下坡口边缘各熔化 1.5～2 mm 为宜。如果焊件较厚，焊条较宽时，盖面焊缝也可以采用大斜圆圈形运条法焊接，一次盖面成形。

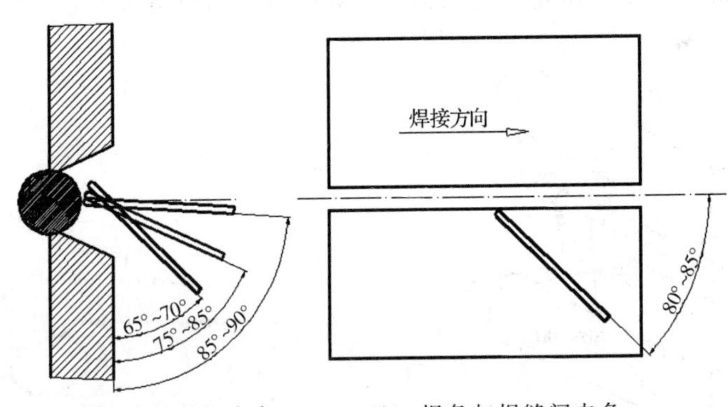

（a）焊条与焊件间夹角　　（b）焊条与焊缝间夹角

图 1 - 35　横焊时盖面层的焊条角度

任务小结

任务小结见表 1 - 32。

表 1 - 32　低碳钢 V 形坡口对接横焊任务小结

注意事项	操作技巧
1. 焊前注意穿戴个人劳保用品，检查设备各接线处是否有松动现象；焊把及电缆线是否有破损；防止漏电和接触不良现象 2. 掌握焊条电弧焊电源相关知识点	1. 掌握 V 形坡口对接横焊操作技能 2. 焊接过程中，控制好焊条运条角度、速度，电弧长度 3. 掌握打底层、填充层、盖面层的操作手法

任务评价

任务评价见表 1-33。

表 1-33　低碳钢 V 形坡口对接横焊评分标准

班级　　　　　　　姓名　　　　　　　　　　　　　　　　　年　　月　　日

考件名称	低碳钢板 V 形坡口对接横焊	时限	60 min	总分	
项目	考核技术要求	配分	评分标准		得分
焊前准备	各种设备、工具的安装使用	5	使用和安装方法不正确扣 1～5 分		
	焊接参数的选择	5	不正确不得分		
焊件尺寸外观质量	焊缝余高（h）$0 \leqslant h \leqslant 2$ mm	8	每超差 1 mm 扣 2 分		
	焊缝余高差（h_1）$0 \leqslant h_1 \leqslant 2$ mm	5	每超差 1 mm 扣 1 分		
	焊缝宽度 16～18 mm	5	每超差 1 mm 扣 1 分		
	焊缝宽度差（c_1）$0 \leqslant c_1 \leqslant 1$ mm	5	每超差 1 mm 扣 1 分		
	焊缝边缘直线度误差≤2 mm	8	每超差 1 mm 扣 1 分		
	咬边缺陷深度 $F \leqslant 0.5$ mm；累计长度小于 20 mm	8	每超差 1 mm 扣 2 分，扣去 8 分为止		
	焊缝背面余高（h）$0 \leqslant h \leqslant 1.5$ mm	5	每超差 0.5 mm 扣 2 分，扣去 5 分为止		
	未焊透	5	出现缺陷不得分		
	错边量	5	每超差 0.5mm 扣 1 分		
	角变形	5	每超差 0.5 mm 扣 1 分		
	夹渣	5	每出现一处缺陷扣 3 分		
	气孔	5	处理不当不得分		
	接头无脱节	5	每出现一处脱节扣 3 分		
	焊缝表面波纹细腻均匀，成形美观	6	根据成形酌情扣分		
安全文明生产	按照国家安全生产法规有关规定考核	5	视违反规定的程度扣 1～5 分		
时限	焊件必须在考核时间内完成	5	超时≤5 min 扣 2 分 超时<5～10 min 扣 5 分 超时 20 min 不及格		

任务 1.7　低碳钢板 V 形坡口对接仰焊

工作任务

① 读懂图样（见图 1 - 36），合理选择焊接参数；
② 调节设备参数，控制运条速度，完成焊件焊接，保证焊缝质量；
③ 焊接的各项尺寸控制在偏差范围内。

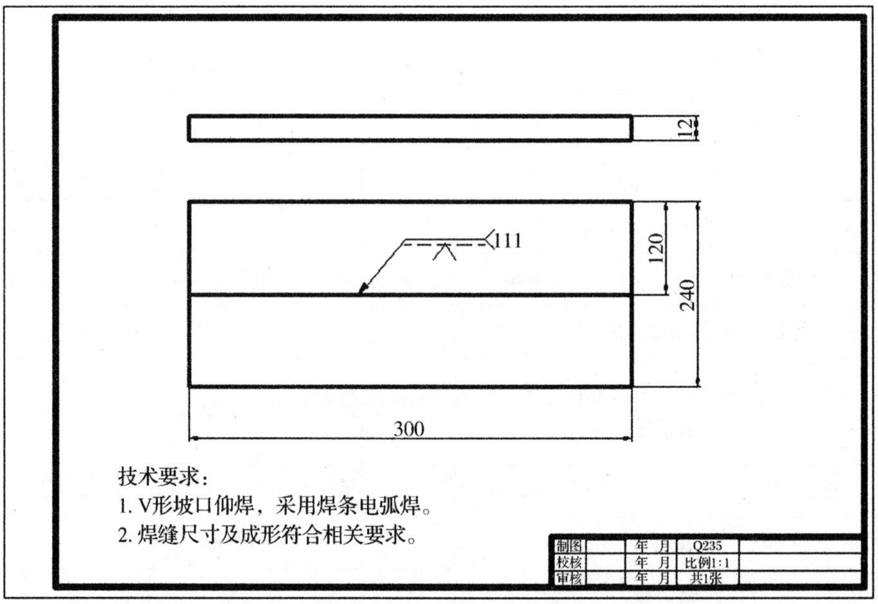

图 1 - 36　低碳钢板 V 形坡口对接仰焊图样

任务目标

任务目标见表 1 - 34。

表 1 - 34　低碳钢板 V 形坡对接仰焊任务目标

知识目标	熟悉焊接电弧的构造及静特性相关知识点 掌握焊条电弧焊 V 形坡口对接仰焊的操作工艺，工艺参数的设置及运条的方式
能力目标	掌握焊条电弧焊单面焊双面成型技术 能够正确熟练运用焊条电弧焊设备对焊件进行 V 形坡口对接仰焊，并保证焊缝质量
素质目标	提升学生解决问题的实际能力

相关知识

1. 焊接电弧的构造

焊接电弧的构造可分为三个区域：阴极区、阳极区、弧柱区，如图 1 - 37 所示。

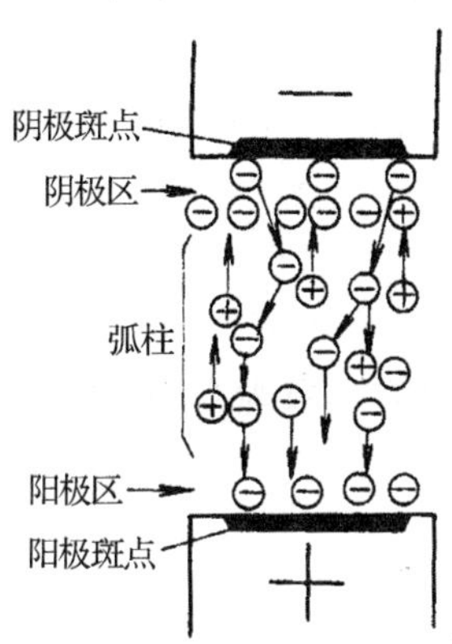

图 1 - 37　焊接电弧的构造

(1) 阴极区

为保证电弧稳定燃烧，阴极区的任务是向弧柱区提供电子流和接受弧柱区送来的正离子流。在焊接时，阴极表面存在一个烁亮的辉点，称为阴极斑点。阴极斑点是电子发射源，也是阴极区温度最高的部分，一般达 2130～3230 ℃，放出的热量占焊接总热量的 36%左右。阴极温度的高低主要取决于阴极的电极材料，一般都低于材料的沸点（见表 1 - 35 所示）。此外，电极的电流密度增加，阴极区的温度也相应提高。

表 1 - 35　阴极区和阳极区的温度　　单位：℃

电极材料	材料沸点	阴极区温度	阳极区温度
碳	4367	3227	3827
铁	2998	2130	2330
铜	2307	1927	2177
镍	2900	2097	2177
钨	5927	2727	3977

注：①电弧中气体介质为空气；②阴极和阳极为同种材料。

(2) 阳极区

阳极区的任务是接受弧柱区流过来的电子流和向弧柱区提供正离子流。在阳极表面上的光亮辉点称为阳极斑点；阳极斑点是由于电子对阳极表面撞击而形成的。一般情况下，与阴极比较，由于阳极能量只用于阳极材料的熔化和蒸发，无发射电子的能量消耗，因此在和阴极材料相同时，阳极区温度略高于阴极区（如表 1 - 35 所示）；阳极区的温度一般达 2330～3977 ℃，放出的热量占焊接总热量的 43%左右。

(3) 弧柱区

弧柱区是处于阴极区与阳极区之间的区域。弧柱区起着电子流和正离子流的导电通路的作用，弧柱的温度不受材料沸点限制，而取决于弧柱中气体介质和焊接电流，焊接电流越大，弧柱中电离程度就越大，弧柱温度也就越高。弧柱区的中心温度可达5730～7730 ℃，放出的热量占焊接总热量的21%左右。

（4）电弧电压

通常测出的电弧电压就是阴极区、阳极区和弧柱区电压降之和。当弧长一定时，电弧电压的分布如图1-38所示。有：

$$U_{弧}=U_{阴}+U_{阳}+U_{柱}=U_{阴}+U_{阳}+bl_{弧}$$

式中：$U_{阴}$—阴极电压降，V；

$U_{阳}$——阳极电压降，V；

$U_{柱}$——弧柱电压降，V；

b——单位长度的弧柱电压降，一般为20～40 V/cm；

$l_{弧}$——电弧长度，cm。

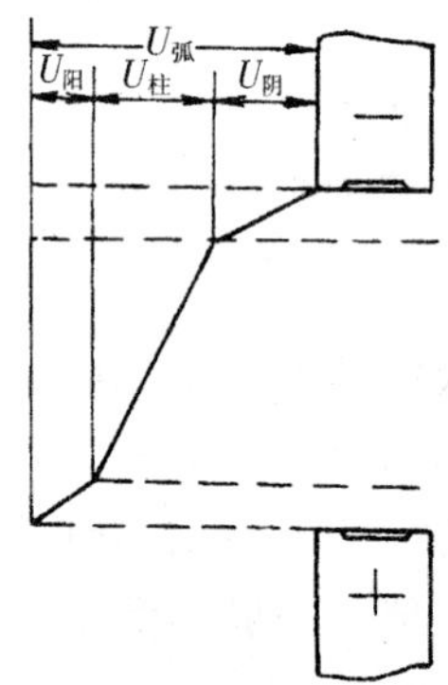

图1-38　电弧各区域的电压分布示意图

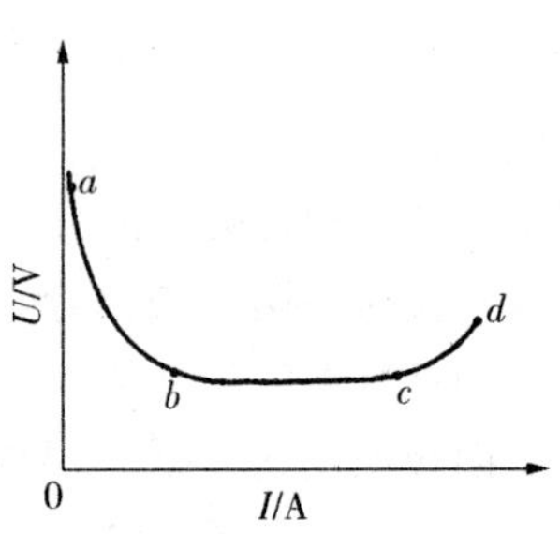

图1-39　电弧的静特性

2. 电弧的静特性

在电极材料、气体介质和弧长一定的情况下，电弧稳定燃烧时，焊接电流与电弧电压变化的关系称为电弧静特性。表示它们关系的曲线叫做电弧的静特性曲线（如图1-39所示）。

（1）电弧静特性曲线

从图1-39中可以看到，电弧静特性曲线呈U形：当电流较小时（曲线左边的*db*段），电弧静特性为下降特性区，即随着电流的增加而电压降低；在正常工艺参数焊接时，电流通常从几十安培到几百安培，这时的电弧静特性曲线如曲线中的*bc*段，称为平特性区，即电流大小变化时电压几乎不变；当电流更大时（曲线右边的*cd*段），电弧静特性为上升特性区，电压随电流的增加而升高。

（2）焊接方法不同时的电弧静特性曲线

不同的焊接方法，在一定的条件下，其电弧静特性只是曲线中的某一区域。

① 手工电弧焊：由于手弧焊设备的额定电流值不大于500 A，所以其静特性曲线无上升特性区。

② 埋弧自动焊：在正常电流密度下焊接时，其静特性为平特性区；采用大电流密度焊接时，其静特性为上升特性区：

③ 钨极氩弧焊：一般在小电流区间焊接时，其静特性为下降特性区；在大电流区间

焊接时，其静特性为平特性区。

④ 细丝熔化极气体保护焊：由于受电极端面积所限，电流密度很大，所以其静特性曲线为上升特性区。

在一般情况下，电弧电压总是和电弧长度成正比地变化，当电弧长度增加时，电弧电压升高，其静特性曲线的位置也随之上升（如图 1 - 40 所示）。

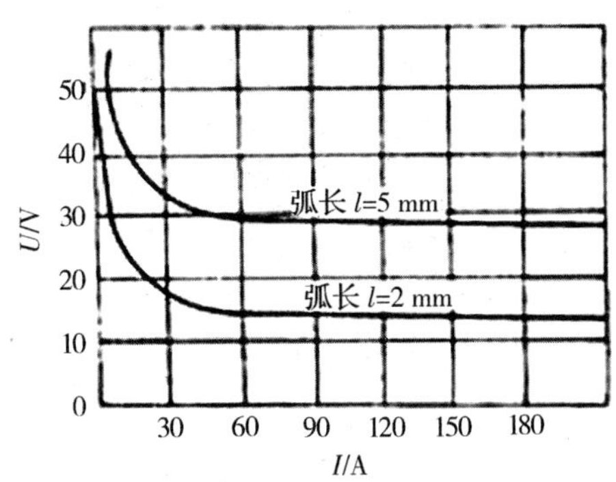

图 1 - 40 不同电弧长度的电弧静特性曲线

任务实施

1. 焊前准备

① 焊件材质：Q235A。

② 焊件尺寸：12 mm×100 mm×200 mm，两件。

③ 焊条型号：E5015，ϕ3.2 mm，ϕ4.0 mm。

④ 焊接设备型号：WS-400 型。

2. 焊件装配

① 清理钢板坡口和两侧表面各 20 mm 范围内的油污、铁锈及氧化物等，直至呈现金属光泽为止。

② 装配间隙为 3.2～4.0 mm，钝边 0.5～1.0 mm，反变形 2°～3°，错边量≤0.5 mm。

③ 在试件两端坡口内进行定位焊，焊缝长度为 10～15 mm，将焊缝接头预先打磨成斜坡。

3. 焊接工艺参数

低碳钢 V 形坡口对接仰焊工艺参数见表 1 - 36。

表 1 - 36 低碳钢 V 形坡口对接仰焊工艺参数。

焊接层次	焊条直径/mm	焊接电流/A
打底层	3.2	90～100
填充层	3.2/4.0	95～105/100～110
盖面层	3.2/4.0	90～100/100～105

4. 操作要领

V 形坡口对接仰焊单面焊双面成形是焊接位置中最困难的一种。为防止熔化金属下坠使正面产生焊瘤，背面产生凹陷，操作时，必须采用最短的电弧长度。施焊时采用多层焊或多层多道焊。

（1）打底层焊

打底层焊接可采用连弧手法，也可以采用灭弧击穿法（一点法、点焊法），如图 1 - 41（a）所示。

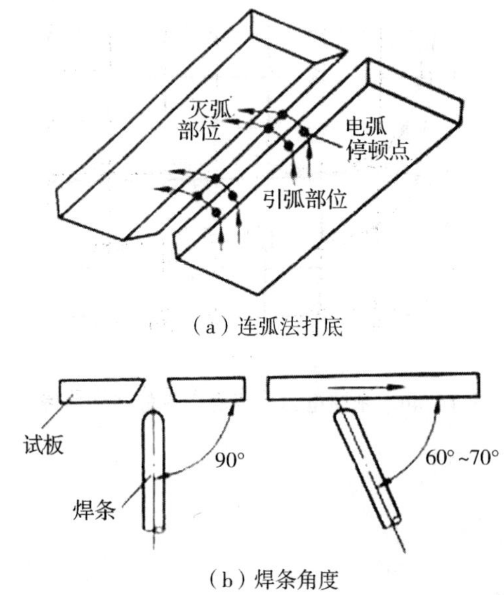

（a）连弧法打底

（b）焊条角度

图 1 - 41　单面焊双面成型仰焊操作示意图

1）连弧焊手法

① 引弧：在定位焊缝上引弧，并使焊条在坡口内做轻微横向快速摆动，当焊至定位焊缝尾部时，应稍做预热，将焊条向上顶一下，听到“噗噗”声时，此时坡口根部已被透，第一个熔池已形成，需使熔孔向坡口两侧各深入 0.5～1 mm。

② 运条方法：采用直线往返形或锯齿形运条法，当焊条摆动到坡口两侧时，需稍做停顿（1～2 s 左右），使填充金属与母材熔合良好，并应防止与母材交界处形成夹角，以免清渣困难。

③ 焊条角度：焊条与试板夹角为 90°，与焊接方向夹角为 60°～70°，如图 1 - 41（b）所示。

④ 焊接要点：

a. 应采用短弧施焊，利用电弧吹力把熔化金属托住，并将部分熔化金属送到试件背面。

b. 应使新熔池覆盖前一熔池的 1/2～2/3，并适当加快焊接速度，以减少熔池面积和形成薄焊道，从而达到减轻焊缝金属自重的目的。

c. 焊层表面要平直，避免下凸，否则将给下一层焊接带来困难，并易产生夹渣、未熔合等缺陷。

⑤ 收弧：收弧时，先在熔池前方做一熔孔，然后将电弧向后回带 10 mm 左右，再熄弧，并使其形成斜坡。

⑥ 接头：采用热接法。在弧坑后面 10 mm 的坡口内引弧，当运条到弧坑根部时，应缩小焊条与焊接方向的夹角，同时将焊条顺着原先熔孔向坡口部顶一下，听到“噗噗”

声后稍停，再恢复正常手法焊接。热接法更换焊条动作越快越好。

也可采用冷接法。在弧坑冷却后，用砂轮和扁铲对收弧处修一个 10～15 mm 的斜坡，在斜坡上引弧并预热，使弧坑温度逐步升高，然后将焊条顺着原先熔孔迅速上顶，听到“噗噗”声后，稍作停顿，恢复正常手法焊接。

2）灭弧焊手法

① 引弧：在定位焊缝上引弧，然后焊条在始焊部位坡口内作轻微快速横向摆动，当焊至定位焊缝尾部时，应稍作预热，并将焊条向上顶一下，听到“噗噗”声后，表明坡口根部已被焊透，第一个熔池已形成，并使熔池前方形成向坡口两侧各深入 0.5～1 mm 的熔孔，然后焊条向斜下方灭弧。

② 焊条角度：焊条与焊接方向的夹角为 60°～70°，如图 1 - 41（b）所示。采用直线往返形运条法施焊。

③ 焊接要点：采用两点击穿法，坡口左、右两侧边应完全熔化、并深入两侧母材各 0.5～1 mm。灭弧动作要快，干净利落，并使焊条总是向上探，利用电弧吹力可有效地防止背面焊缝内凹。

灭弧与接弧时间要短，灭弧频率为 30～50 次/min，每次接弧位置要准确，焊条中心要对准熔池前端与母材的交界处。

④ 接头：更换焊条前，应在熔池前方作一熔孔，然后回带 10 mm 左右再熄弧。迅速更换焊条后，在弧坑后面 10～15 mm 坡口内引弧，用连弧手法运条到弧坑根部时，将焊条沿着预先做好的熔孔向坡口根部顶一下，听到“噗噗”声后，稍停，在熔池中部斜下方灭弧，随即恢复原来的灭弧焊手法。

（2）填充层

可采用多层焊或多层多道焊。

1）多层焊

应将第一层熔渣、飞溅物清除干净，若有焊瘤应修磨平整。在距焊鏠始端 10 mm 左右处引弧，然后将电弧拉回到起始焊处施焊（每次接头都应如此）。采用短弧月牙形或锯齿形运条法施焊（如图 1 - 42 所示）。焊条与焊接方向夹角为 85°～90°，焊条运条到焊道两侧一定要稍停片刻，中间摆动速度要尽可能快，以形成较好的焊道，保证让熔池呈椭圆形，大小一致，防止形成凸形焊道。

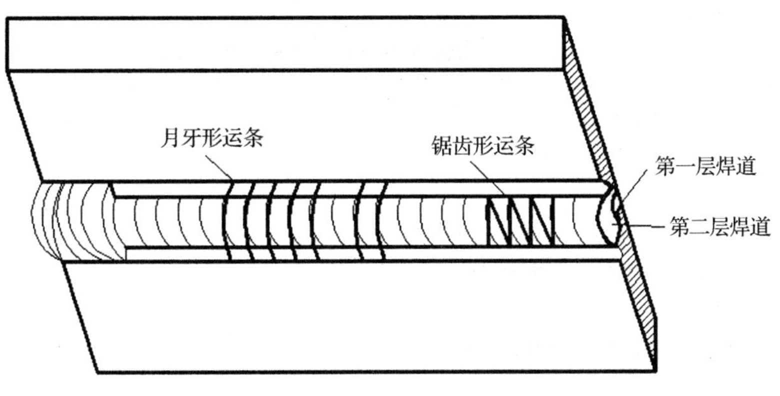

图 1 - 42　月牙形、锯齿形运条方法

2）多层多道焊

宜用直线运条法，焊道的排列顺序，如图 1 - 43（a）所示；焊条的位置和角度应根据每条焊道的位置做相应的调整，如图 1 - 43（b）所示。每条焊道要搭接 1/2～2/3。并认真清渣，以防止焊道间脱节和夹渣。

填充层焊完后，其表面应距试件表面 1 mm 左右，保证坡口的棱边不被熔化，以便盖面层焊接时控制焊缝的直线度。

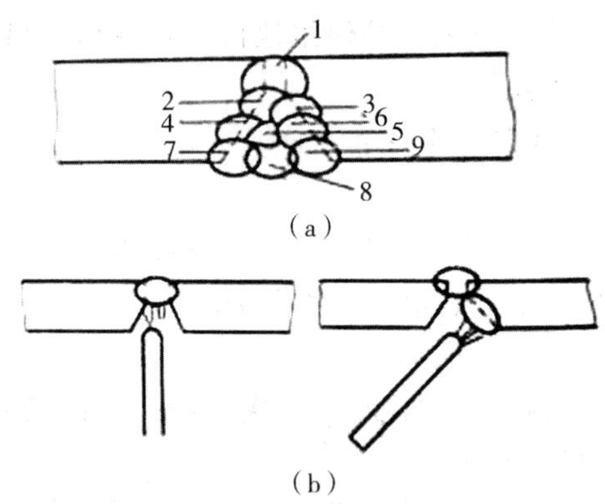

图 1 - 43　V 形坡口对接仰焊多层多道焊

（3）盖面层焊接

盖面层焊接前需仔细清理熔渣及飞溅物。焊接时可采用短弧、月牙形或锯齿形运条法运条。焊条与焊接方向夹角为 85°～90°，焊条摆动到坡口边缘时稍做停顿，以坡口边缘熔化 1～2 m 为准，防止咬边。保持熔池外形平直，如有凸形出现，可使焊条在坡口两侧停留时间稍长一些，必要时做灭弧动作以保证焊缝成形均匀平整，更换焊条时采用热接法。更换焊条前，应对熔池填几滴熔滴金属，迅速更换焊条后，在弧坑前 10 mm 左右处引弧，再把电弧拉到弧坑处划小圆圈，使弧坑重新熔化，随后选行正常焊接。

任务小结

任务小结见表 1 - 37。

表 1 - 37　低碳钢板 V 形坡口对接仰焊任务小结

注意事项	操作技巧
1. 焊前注意穿戴个人劳保用品，检查设备各接线处是否有松动现象；焊把及电缆线是否有破损；防止漏电和接触不良现象 2. 掌握焊接电弧的构造及静特性相关知识点	1. 掌握 V 形坡口对接仰焊操作技能 2. 焊接过程中，控制好焊条运条角度、速度，电弧长度 3. 掌握打底层、填充层、盖面层的操作手法

任务评价

任务评价见表 1 - 38。

表 1 - 38　低碳钢板 V 形坡口对接仰焊标分标准

班级　　　　　　姓名　　　　　　　　　　　　　　　　　　年　　月　　日

考件名称	低碳钢板 V 形坡口对接仰焊	时限	60 min	总分
项目	考核技术要求	配分	评分标准	得分
焊前准备	各种设备、工具的安装使用	5	使用和安装方法不正确扣 1～5 分	
	焊接参数的选择	5	不正确不得分	
焊件尺寸外观质量	焊缝余高（h）$0 \leqslant h \leqslant 2$ mm	8	每超差 1 mm 扣 2 分	
	焊缝余高差（h_1）$0 \leqslant h_1 \leqslant 2$ mm	5	每超差 1 mm 扣 1 分	
	焊缝宽度 16～18mm	5	每超差 1 mm 扣 1 分	
	焊缝宽度差（c_1）$0 \leqslant c_1 \leqslant 1$ mm	5	每超差 1 mm 扣 1 分	
	焊缝边缘直线度误差≤2 mm	8	每超差 1 mm 扣 1 分	
	咬边缺陷深度 $F \leqslant 0.5$mm；累计长度小于 20 mm	8	每超差 1 mm 扣 2 分，扣去 8 分为止	
	焊缝背面余高（h）$0 \leqslant h \leqslant 1.5$ mm	5	每超差 0.5 mm 扣 2 分，扣去 5 分为止	
	未焊透	5	出现缺陷不得分	
	错边量	5	每超差 0.5mm 扣 1 分	
	角变形	5	每超差 0.5 mm 扣 1 分	
	夹渣	5	每出现一处缺陷扣 3 分	
	气孔	5	处理不当不得分	
	接头无脱节	5	每出现一处脱节扣 3 分	
	焊缝表面波纹细腻均匀，成形美观	6	根据成形酌情扣分	
安全文明生产	按照国家安全生产法规有关规定考核	5	视违反规定的程度扣 1～5 分	
时限	焊件必须在考核时间内完成	5	超时≤5 min 扣 2 分 超时<5～10 min 扣 5 分 超时 20 min 不及格	

任务 1.8　管对接 V 形坡口水平固定管焊

工作任务

① 读懂图样（见图 1-44），合理选择焊接参数；
② 调节设备参数，控制运条速度，完成焊件焊接，保证焊缝质量；
③ 焊接的各项尺寸控制在偏差范围内。

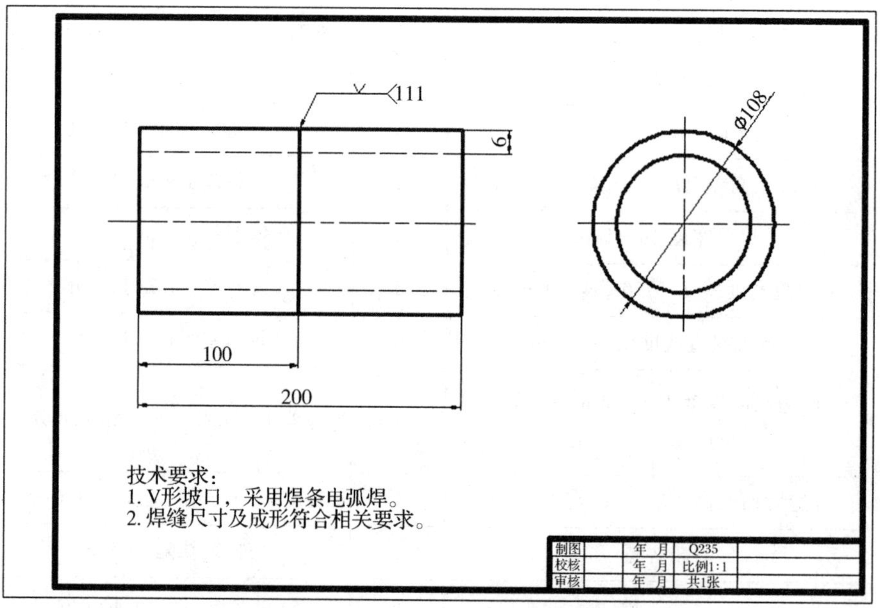

图 1-44　V 形坡口水平固定管焊图样

任务目标

任务目标见表 1-39。

表 1-39　管对接 V 形坡口水平固定管焊任务目标

知识目标	熟悉焊条电弧焊偏吹相关知识点 掌握焊条电弧焊 V 形坡口水平固定管焊的操作工艺，工艺参数的设置及运条的方式
能力目标	掌握焊条电弧焊单面焊双面成型技术 能够正确熟练运用焊条电弧焊设备对焊件进行 V 形坡口水平固定管焊，并保证焊缝质量
素质目标	提升学生解决问题的实际能力

相关知识

1. 磁偏吹的产生原因

电弧受磁力作用而产生偏移的现象，称为电弧的磁偏吹。

当直流电通过工件、电弧及焊条回路时，在电弧周围会产生一个稳定的磁场，这个磁场也称为电弧的自身磁场。自身磁场提供电弧收缩力，使电弧具有刚直性。但是由于一些原因，使磁场强度的均匀性受到破坏，磁场强度大的一侧相对磁场强度小的一侧产生偏移，从而形成磁偏吹。因此，电弧的磁偏吹是由于磁场不均匀引起的。

由于具体情况不同，引起磁偏吹的现象也不同。其类型如下。

① 由于接线位置偏向一侧引起的磁偏吹，如图 1 - 45（a）所示。

② 由于电弧附近有磁铁物质引起的磁偏吹，如图 1 - 45（b）所示。

③ 由于电弧在工件的一端引起的磁偏吹，如图 1 - 45（c）所示。

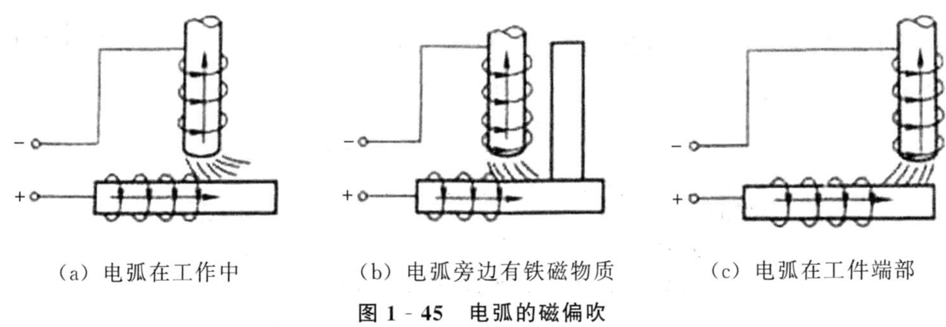

（a）电弧在工作中　（b）电弧旁边有铁磁物质　（c）电弧在工件端部

图 1 - 45　电弧的磁偏吹

2. 减少或防止电弧磁偏吹的方法

电弧的磁偏吹给焊接带来不少困难，但是可以根据造成磁偏吹的不同原因，采取相应措施，从而减少或消除磁偏吹。

① 适当地改变地线接线位置，尽可能地多接几个点，力求电弧周围磁场均匀，如图 1 - 46 所示。图中表示减少磁偏吹的接线方法。

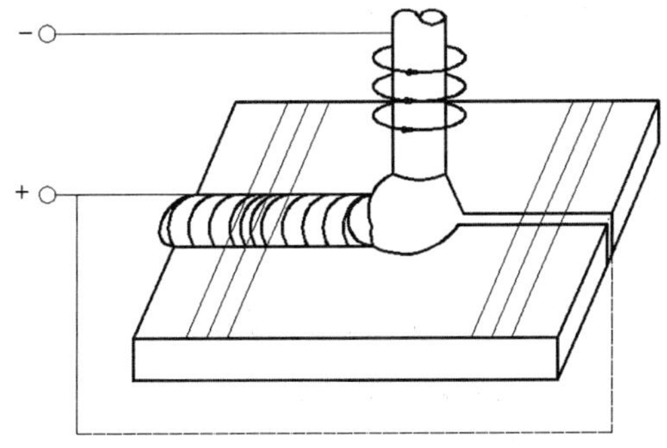

图 1 - 46　改变焊件接地线位置防止磁偏吹示意图

② 采用小电流焊接，降低磁场强度的不均匀性，减少电弧的磁偏吹。

③ 采用短弧焊接，减少磁偏吹的影响程度。

④ 操作时适当调整焊条角度，如图 1－47 所示。位置 *a* 发生磁偏吹时，将焊条角度调整到位置 *b*，磁偏吹影响可以适当减少。

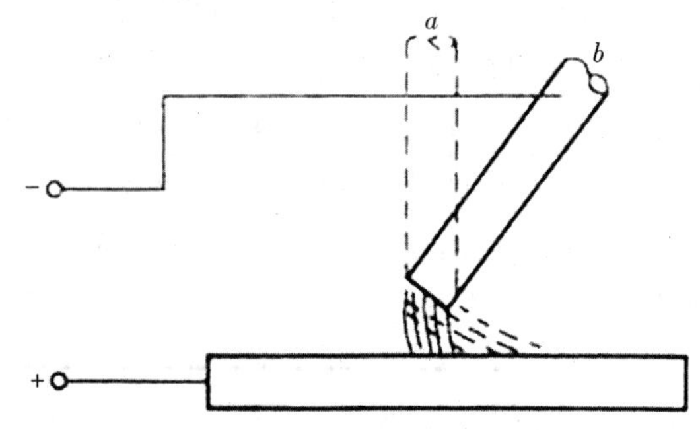

图 1－47　调整焊条角度减少磁偏吹

⑤ 在焊缝两端各加一块引弧板和引出板，使电弧避开边缘的位置，减少电弧周围磁场的不均匀性，从而减少电弧磁偏吹，如图 1－48 所示。

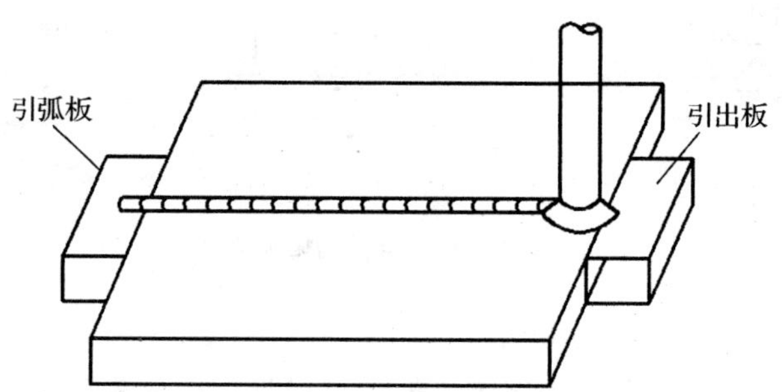

图 1－48　加引弧板和引出板减少磁偏吹

⑥ 选择适当的电焊机。在直流弧焊机中，整流式比旋转式焊机磁偏吹小，所以从减少磁偏吹的角度出发，尽量选用整流式焊机。在条件允许的情况下，还可使用交流电源焊接，这样可以大大减小电弧的磁偏吹现象。

任务实施

1. 焊前准备

① 焊件材质：20G。

② 焊件尺寸：ϕ108 mm×6 mm×100 mm，两件。

③ 焊条型号：E5015，ϕ3.2 mm，ϕ4.0 mm。

④ 焊接设备型号：WS-400 型。

2. 焊件装配

① 为防止焊接过程中出现气孔，装配前必须把试件清理干净，将坡口和靠近坡口边

缘内、外两侧 15～20 mm 范围内的油污、铁锈及氧化物等用角向磨光机和电磨头打磨干净，直至呈现金属光泽为止。

② 装配间隙为 3.2～4.0 mm，钝边 0.5～1.0 mm。

③ 装配时应保证管子内壁同心，不错边。定位焊可采用两点固定，焊缝长度为 10～15 mm，将焊缝接头预先打磨成斜坡。要求背面成形作为打底焊缝的一部分。

3. 焊接工艺参数

管对接 V 形坡口水平固定管焊工艺参数见表 1 - 40。

表 1 - 40　管对接 V 形坡口水平固定管焊工艺参数

焊接层次	焊条直径/mm	焊接电流/A
打底层	3.2	90～100
盖面层	3.2/4.0	90～105/100～120

4. 操作要领

水平固定管焊接常从管子仰位开始分两半周焊接。为便于叙述，将试件按时钟面分成两个相同的半周进行焊接，如图 1 - 49 所示。先按顺时针方向焊前半周，称前半圈；后按逆时针方向焊后半周，称后半圈。

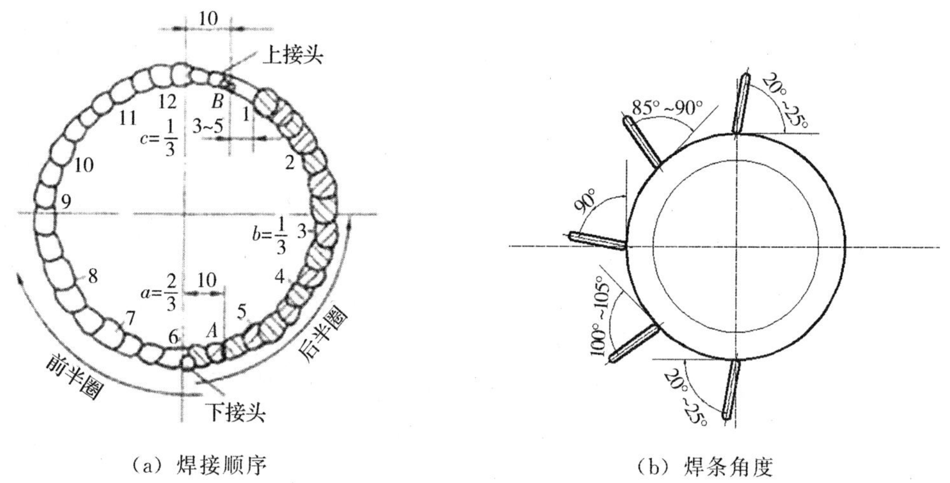

(a) 焊接顺序　　　　(b) 焊条角度

图 1 - 49　水平固定管的焊接顺序及焊条角度

a，b，c——弧柱穿过管子背面长度与弧柱全长之比

(1) 打底层焊

打底层焊可采用连弧焊手法，也可以采用灭弧焊手法。运条方法采用月牙形或横向锯齿形摆动。

1) 连弧焊手法

① 引弧及起焊，如图 1 - 49 (a) 所示，A 点坡口面上引弧至间隙内，使焊条在两钝边做微小横向摆动，当钝边熔化金属液与焊条熔滴连在一起时，焊条上送，此时焊条端

部到达坡口底边，整个电弧的 2/3 将在管内燃烧，并形成第一个熔孔。

② 仰焊及下爬坡部位的焊接：应压住电弧作横向摆动运条，运条幅度要小，速度要快，焊条与管子切线倾角为 80°～85°。

随着焊接向上进行，焊条角度变大，焊条深度慢慢变浅。在时钟 7 点位置时，焊条端部离坡口底边 1 mm，焊条角度为 100°～150°，这时约有 1/2 电弧在管内燃烧，横向摆动幅度增大，并在坡口两侧稍作停顿。到达立焊时，焊条与管子切线的倾角为 90°。

③ 上爬坡和平焊位的焊接：焊条继续向外带出，焊条端部离坡口底边约 2 mm。这时 1/3 电弧在管内燃烧。上爬坡的焊条与管切线夹角为 85°～90°，平焊时夹角为 80°～85°，并在如图 1 - 49（a）所示的 *B* 点收弧。

2）灭弧焊手法

① 接弧位置要准确。每次接弧时焊条要对准熔池前部的 1/3 左右处，使每个熔池覆盖前一个熔池 2/3 左右。

② 灭弧动作要干净利落，不要拉长弧，灭弧与接弧间间隔要短。灭弧频率大体为：仰焊和平焊区段 35～40 次/min，立焊区段 40～50 次/min。

③ 焊接过程中要使熔池的形状和大小基本保持一致，熔池金属液清晰明亮，熔孔始终深入每侧母材 0.5～1 mm。

④ 在前半圈起焊区（即 *A* 点～6 点区）5～10 mm 范围，焊接时焊缝应由薄变厚，形成一个斜坡；而在平焊位置收弧区（即 12 点～*B* 点区）5～10 mm 范围，则焊缝应由厚变薄，形成一个斜坡，以利于与后半圈接头。

⑤ 与定位焊缝接头时焊条运条至定位焊点，将焊条向下压一下，若听到“噗噗”声后，快速向前施焊，到定位焊缝另一端时，焊条在接头处稍停，将焊条再向下压一下，又听到“噗噗”声后，表明根部已熔透，恢复原来的操作手法。

3）接头

更换焊条时接头有热接和冷接两种方法：

① 热接：在收弧处尚保持红热状态时，立即从熔池前面引弧，迅速把电弧拉到收弧处。

② 冷接：即熔池已经凝固冷却，必须将收弧处修磨成斜坡，并在其附近引弧，再拉到修磨处稍作停顿，待先焊焊缝充分熔化，方可向前正常焊接。

4）前半圆收尾

前半圈收尾时将焊条逐渐引向坡口斜前方，或将电弧往回拉一小段，再慢慢提高电弧，使熔池逐渐变小，填满弧坑后熄弧。

5）后半圆焊接

后半圈的焊接与前半圈基本相同，但必须注意首尾端的接头（如图 1 - 50 所示）。

① 焊位（下方）的接头：当接头处没有焊出斜坡时，可用砂轮打磨成斜坡，也可用焊条电弧来切割。其方法是在距接头中心约 10 mm 的焊缝上引弧，用长弧预热接头部位如图 1 - 50（a）所示。当焊缝金属熔化时迅速将焊条转成水平位置，使焊条头对准熔化金属，向前一推，形成槽形斜坡，如图 1 - 50（b），（c）所示，然后马上把转成水平的焊

条角度调整为正常焊接角度，如图 1 - 50（d）所示，进行仰位接头。

6 点处引弧时，以较慢速度和连弧方式焊至 A 点，把斜坡焊满，当焊至接头末端 A 点时，焊条向上顶，使电弧穿透坡口根部，并有“噗噗”声后，恢复原来的正常操作手法。

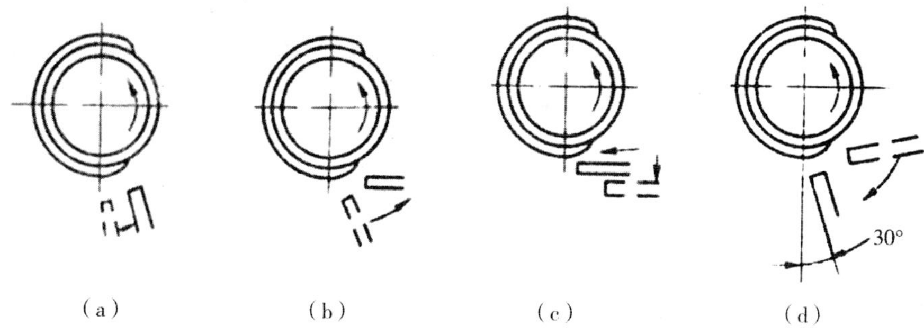

图 1 - 50 水平固定管仰焊位接头操作法

② 平焊位（上方）的接头：当前半圈没有焊出斜坡时应修磨出斜坡。当运条到距 B 点 3～5 mm 时，应压低电弧，将焊条向里压一下，听到电弧穿透坡口根部发出“噗噗”声后，在接头处来回摆动几下，保证充分熔合，填满弧坑，然后引弧到坡口一侧熄弧。

（2）盖面层焊

① 清除打底焊熔渣及飞溅物，修整局部凸起接头。

② 在打底焊道上引弧，采用月牙形或横向锯齿形运条法焊接。

③ 焊条角度比相同位置打底焊稍大 5°左右。

④ 焊条摆动到坡口两侧时，要稍作停留，并熔化两侧坡口边缘各 1～2 mm，以防咬边。

⑤ 前半圈收弧时，对弧坑稍填一些液体金属，使弧坑呈斜坡状，以利于后半圈接头；在后半圈焊前，需将前半圈两端接头部位渣壳去除约 10 mm 左右，最好采用砂轮打磨成斜坡。

盖面层焊接前后两半圈的操作要领基本相同，注意收口时要填满弧坑。

任务小结

任务小结见表 1 - 41。

表 1 - 41 管对接 V 形坡口水平固定管焊任务小结

注意事项	操作技巧
1. 焊前注意穿戴个人劳保用品，检查设备各接线处是否有松动现象；焊把及电缆线是否有破损；防止漏电和接触不良现象 2. 掌握焊条电弧焊偏吹的相关知识点	1. 掌握 V 形坡口水平固定管焊操作技能 2. 焊接过程中，控制好焊条运条角度、速度，电弧长度 3. 掌握打底层、盖面层的操作手法

任务评价

任务评价见表 1 - 42。

表 1 - 42　管对接 V 形坡口水平固定管焊评分标准

班级　　　　　　　姓名　　　　　　　　　　　　　　　　　　年　　月　　日

考件名称	低碳钢管 V 形坡口水平固定管焊	时限	60 min	总分	
项目	考核技术要求	配分	评分标准		得分
焊前准备	各种设备、工具的安装使用	5	使用和安装方法不正确扣 1～5 分		
	焊接参数的选择	5	不正确不得分		
焊件尺寸外观质量	焊缝余高（h）$0 \leqslant h \leqslant 2$ mm	8	每超差 1 mm 扣 2 分		
	焊缝余高差（h_1）$0 \leqslant h_1 \leqslant 2$ mm	5	每超差 1 mm 扣 1 分		
	焊缝宽度 12～14 mm	5	每超差 1 mm 扣 1 分		
	焊缝宽度差（c_1）$0 \leqslant c_1 \leqslant 1$ mm	5	每超差 1 mm 扣 1 分		
	焊缝边缘直线度误差≤2 mm	8	每超差 1 mm 扣 1 分		
	咬边缺陷深度 $F \leqslant 0.5$mm；累计长度小于 20 mm	8	每超差 1 mm 扣 2 分，扣去 8 分为止		
	焊缝背面余高（h）$0 \leqslant h \leqslant 1.5$ mm	5	每超差 0.5 mm 扣 2 分，扣去 5 分为止		
	未焊透	5	出现缺陷不得分		
	错边量	5	每超差 0.5mm 扣 1 分		
	角变形	5	每超差 0.5 mm 扣 1 分		
	夹渣	5	每出现一处缺陷扣 3 分		
	气孔	5	处理不当不得分		
	接头无脱节	5	每出现一处脱节扣 3 分		
	焊缝表面波纹细腻均匀，成形美观	6	根据成形酌情扣分		
安全文明生产	按照国家安全生产法有规关规定考核	5	视违反规定的程度扣 1～5 分		
时限	焊件必须在考核时间内完成	5	超时<5 min 扣 2 分 超时<5～10 min 扣 5 分 超时 20 min 不及格		

任务 1.9 低碳钢板管板俯位焊

工作任务

① 读懂图样（见图 1-51），合理选择焊接参数；

② 调节设备参数，控制运条速度，完成焊件焊接，保证焊缝质量；

③ 焊接的各项尺寸控制在偏差范围内。

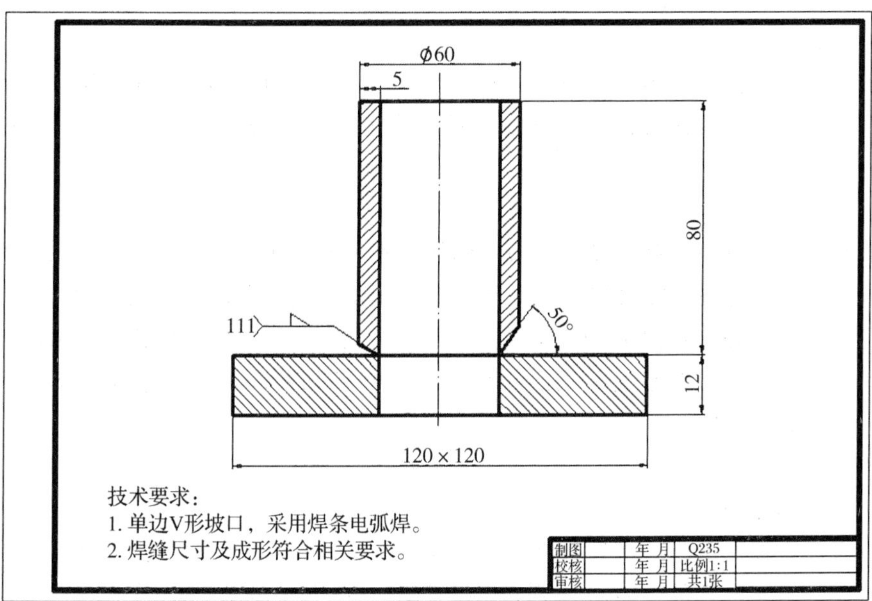

图 1-51 低碳钢板管板俯位焊焊接图样

任务目标

任务目标见表 1-43。

表 1-43 低碳钢板管板俯位焊任务目标

知识目标	熟悉预热、后热、焊后热处理相关知识点 掌握焊条电弧焊管板焊接的操作工艺，工艺参数的设置及运条的方式
能力目标	掌握焊条电弧焊单面焊双面成型技术 能够正确熟练运用焊条电弧焊设备对焊件进行管板焊接，并保证焊缝质量
素质目标	提升学生解决问题的实际能力

相关知识

1. 预热

(1) 预热的作用

预热能降低焊后冷却速度。而对于给定成分的钢种，焊缝及热影响区的组织和性能取决于冷却速度的大小。对于易淬火钢，通过预热可以减小淬硬程度，防止产生焊缝裂纹。另外，预热可以减小热影响区的温度差别，在较宽范围内得到比较均匀的温度分布，有助于减小因温度差别而造成的焊接应力。

由于预热有以上良好的作用，在焊接有淬硬倾向的钢材时，经常采取预热措施。但是，对于铬镍奥氏体钢，预热使热影响区在危险高温区的停留时间增加，从而增大腐蚀倾向。因此在焊接铬镍奥氏体不锈钢时，不可进行预热。

(2) 预热温度的选择

焊件焊接时是否需要预热，以及预热温度的选择，应根据钢材的成分、厚度、结构刚性、接头形式、焊接材料、焊接方法以及环境因素等综合考虑，并通过可焊接性试验来确定。

(3) 预热方法

预热时的加热范围，对于对接接头每侧加热宽度不得小于板厚的5倍，一般在坡口两侧各75～100 mm范围内应保持一个均热区域，测温点应取在均热区域的边缘。如果采用火焰加热，测温最好在加热面的反面进行。除火焰加热外，还可采用工频感应加热，红外线加热等方法加热。在刚度很大的结构上进行局部加热时，应注意加热部位，避免造成很大的热应力。

2. 后热

(1) 后热的作用

焊后将焊件保温缓冷，可以减缓焊缝和热影响区的冷却速度，起到与预热相似的作用。对于冷裂纹倾向大的低合金高强度钢等材料，还有一种专门的后热处理，也称为消氢处理；即在焊后立即将焊件加热到250～350 ℃温度范围，保温到2～6 h后空冷。消氢处理的目的，主要是使焊缝金属中的扩散氢加速逸出，大大降低焊缝和热影响区中的氢含量，防止产生冷裂纹。消氢处理的加热温度较低，不能起到松弛焊接应力的作用。对于焊后要求进行热处理的焊件，因为在热处理的过程中可以达到消氢的目的，不需要另做消氢处理。但是，焊后若不能立即热处理而焊件又必须及时消氢时，则需及时做消氢处理，否则焊件有可能在热处理前的放置期间内产生裂纹。

(2) 后热的方法

后热的加热方法、加热区宽度、测温部位等要求与预热相同。

3. 焊后热处理

(1) 焊后热处理的目的和种类

焊后热处理是将焊件整体或局部加热保温，然后炉冷或空冷的一种处理方法，可以降低焊接残余应力，软化淬硬部位，改善焊缝和热影响区的组织和性能，提高接头的塑形和韧性，稳定结构的尺寸。

最常用的焊后热处理是在 600～650 ℃范围内的消除应力退火，以及低于 A_{C1} 点温度的高温回火。另外，还有为改善铬镍奥氏体不锈钢抗腐蚀性能的稳定化处理等。

消除应力退火的温度一般为 600～650 ℃，对于含钒低合金钢，在 600～620 ℃左右加热时，塑性及韧性下降，应在 550～590 ℃下进行消除应力退火。消除应力退火的保温时间一般根据板厚确定，每毫米厚度 1～2 min，最短不低于 30 min，最多不超过 3 h。

铬钼耐热钢、马氏体不锈钢、铁素体不锈钢等材料，焊后在 650～760 ℃不同温度范围内回火处理，主要起改善组织和性能以及降低焊接残余应力的作用。

（2）焊后热处理的方法

1）整体加热处理

将焊件置于加热炉中整体加热处理，可以得到满意的处理效果。焊件进炉和出炉时的温度应在 300 ℃以下，在 300 ℃以上的加热和冷却速度与板厚有关，应符合下试要求：

$$v \leqslant 200 \times 25/\delta$$

式中：v——冷却速度，℃/h

δ——板材厚度，mm。

对于厚壁容器，加热和冷却速度为 50～150 ℃/h，整体处理时炉内最大温差不得超过 50 ℃如果焊件太长需要分成两次处理时，重叠加热部分应在 1.5 m 以上。

2）局部热处理

对于尺寸较长不便整体处理，但形状比较规则的简单桶形容器、管件等，可以进行局部热处理。局部热处理时，应保证焊缝两侧有足够的加热宽度。对于通体的加热宽度与筒体半径、壁厚有关，可按下式计算：

$$B = 5R \times \delta$$

式中：B——筒体加热宽度，mm；

R——筒体半径，mm；

δ——筒体壁厚，mm。

常用加热方法有：火焰加热、红外线加热、工频感应加热等加热方法。

一般在下列情况要考虑焊后热处理：

① 母材强度等级较高，产生延迟裂纹倾向较大的普通低合金钢。

② 出在低温下工作的压力容器及其他焊接结构，特别是在脆性转变温度以下使用的压力容器。

③ 承受交变载荷工作，要求疲劳强度的构件。

④ 大型受压容器。

⑤ 有应力腐蚀和焊后要求几何尺寸较稳定的焊接结构。

任务实施

1. 焊前准备

① 焊件材质：Q235A；20G。

② 焊件尺寸：12 mm×120 mm×120 mm，一件，ϕ60×5×100 mm，一件。

③ 焊条型号：E5015，ϕ2.5 mm，ϕ3.2 mm。

④ 焊接设备型号：WS-400 型。

2. 焊件装配

① 为防止焊接过程中出现气孔，装配前必须把试件清理干净，将坡口和靠近坡口边缘内、外两侧 15～20 mm 范围内的油污、铁锈及氧化物等用角向磨光机和电磨头打磨干净，直至呈现金属光泽为止。

② 装配间隙为 2.5～3.2 mm，钝边 0.5～1.0 mm。

③ 装配时应保证管子内壁与板孔同心，不错边。定位焊可采用两点固定，焊缝长度为 10～15 mm，将焊缝接头预先打磨成斜坡。要求背面成形作为打底焊缝的一部分。

3. 焊接工艺参数

低碳钢板管板焊接工艺参数见表 1 - 44。

表 1 - 44　低碳钢板管板俯位焊工艺参数

焊接层次	焊条直径/mm	焊接电流/A
打底层	2.5	75～85
盖面层	2.5/3.2	80～90/90～100

4. 操作要领

（1）打底焊

打底层焊接选定始焊位置时，应该在保持正确焊条角度的前提下，尽量向左侧转动手臂和手腕。首先在左铡的定位焊缝上引弧，长弧稍加预热后，将电弧移到定位焊缝前沿，向里送焊条，待熔池形成后，稍向后压短电弧，开始做小幅度的斜锯齿形运条，进行正常焊接。

焊接时，电弧的 2/3 要在熔池上保持短弧，摆动时在孔板上的停顿时间稍长于管子一侧。焊接速度要适宜，保持熔池大小基本一致。焊接时要不断地转动手臂和手腕，以保持正确的焊条角度，如图 1 - 52 所示，并防止熔渣超前而产生夹渣和未熔合的缺陷。

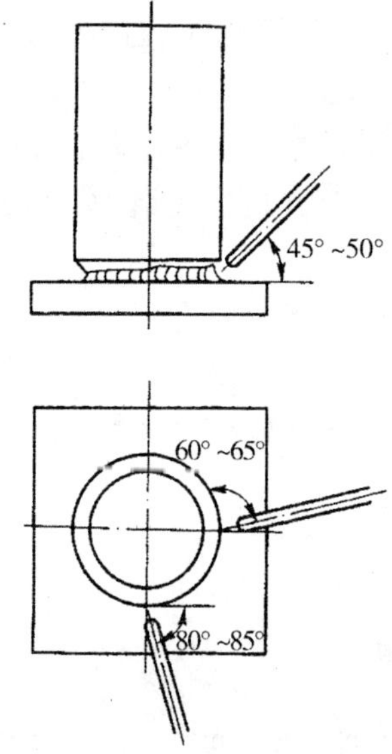

图 1 - 52　打底焊时的焊条角度

焊到封闭焊缝接头前，先将接头焊缝打磨成缓坡再焊。当焊到缓坡前沿时，焊条伸向弧坑内向内压一下后稍作停顿，然后焊过缓坡，填满弧坑后熄弧。

特别提示：第一道焊缝不要太厚，要保证焊缝板侧与管侧的焊角尺寸基本相等，同时还要注意板侧焊缝的熔合良好。

（2）盖面焊

盖面焊接前先把打底的熔渣、飞溅物清理干净。盖面焊时的焊条角度，如图 1-53 所示。盖面焊的运条、起弧、收弧、接头等方法与打底焊基本相同，只是盖面层的接头要求质量更高一，必须保证铁水的熔合良好，过渡圆滑，因为它直接影响焊缝的外形尺寸。

在盖面层的焊接中，要保证焊缝熔合良好，掌握好焊接位置、焊缝厚度，避免形成凹槽、凸起。焊接时，盖面层的第一道焊缝略厚，以保证铁水圆滑过渡层的第二道焊缝比第一道稍薄一点，使其覆盖前一道焊缝的最高点，同时控制好电弧与管侧的距离，防止咬边。

特别提示：盖面焊必须保证管子不咬边和焊角对称。

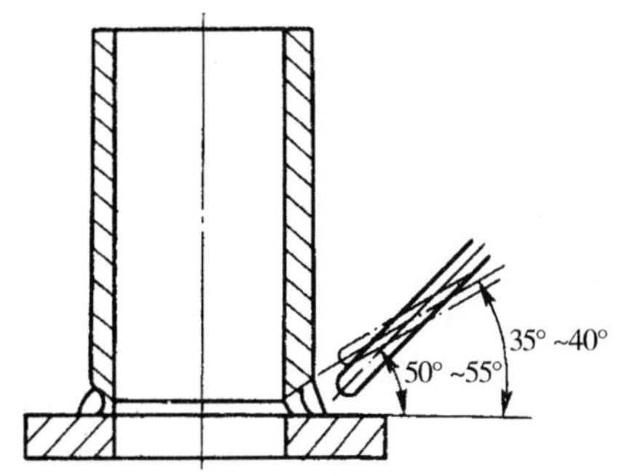

图 1-53 盖面时的焊条角度

（3）清理试件，整理现场

焊接完毕后，将焊缝两侧的飞溅物清理干净。将工位内的焊机断电，工具复位，场地清理干净。

特别提示：清理试件时，不能破坏焊缝原始表面。

任务小结

任务小结见表 1-45。

表 1-45 低碳钢管板俯位焊任务小结

注意事项	操作技巧
1. 焊前注意穿戴个人劳保用品，检查设备各接线处是否有松动现象；焊把及电缆线是否有破损；防止漏电和接触不良现象 2. 掌握预热、后热、焊后热处理的相关知识点	1. 掌握管板焊接操作技能 2. 焊接过程中，控制好焊条运条角度、速度，电弧长度 3. 掌握打底层、盖面层的操作手法

任务评价

任务评价见表 1 - 46。

表 1 - 46　低碳钢管板俯位焊评分标准

班级　　　　　　　　姓名　　　　　　　　　　　　　　　　　　　　　　年　　月　　日

考件名称	低碳钢板管板焊接	时限	60 min	总分	
项目	考核技术要求	配分	评分标准	得分	
焊前准备	各种设备、工具的安装使用	5	使用和安装方法不正确扣 1～5 分		
	焊接参数的选择	5	不正确不得分		
焊件尺寸外观质量	焊缝余高（h）$-0.5 \leqslant h \leqslant 2$ mm	8	每超差 1 mm 扣 2 分		
	焊缝余高差（h_1）$0 \leqslant h_1 \leqslant 2$ mm	5	每超差 1 mm 扣 1 分		
	焊脚高度（k）12～14 mm	5	每超差 1 mm 扣 1 分		
	焊脚高度（c_1）$0 \leqslant c_1 \leqslant 2$ mm	5	每超差 1 mm 扣 1 分		
	焊缝边缘直线度误差≤2 mm	8	每超差 1 mm 扣 1 分		
	咬边缺陷深度 $F \leqslant 0.5$ mm；累计长度小于 20 mm	8	每超差 1 mm 扣 2 分，扣去 8 分为止		
	角变形	5	每超差 1 mm 扣 1 分		
	焊缝背面余高（h）$0 \leqslant h \leqslant 1.5$ mm	5	每超差 0.5 mm 扣 2 分，扣去 5 分为止		
	夹渣	5	每出现一处缺陷扣 3 分		
	未熔合	5	处理不当不得分		
	收尾处弧坑填满	5	处理不当不得分		
	气孔	5	处理不当不得分		
	接头无脱节	5	每出现一处脱节扣 3 分		
	焊缝表面波纹细腻均匀，成形美观	6	根据成形酌情扣分		
安全文明生产	按照国家安全生产法规有关规定考核	5	视违反规定的程度扣 1～5 分		
时限	焊件必须在考核时间内完成	5	超时≤5 min 扣 2 分 超时<5～10 min 扣 5 分 超时 20 min 不及格		

项目二　二氧化碳气体保护焊技能训练

任务 2.1　低碳钢板平敷焊

工作任务

① 读懂图样（见图 2-1），合理选择焊接参数；

② 调节设备参数，控制运条速度，完成焊件焊接，保证焊缝质量；

③ 焊接的各项尺寸控制在偏差范围内。

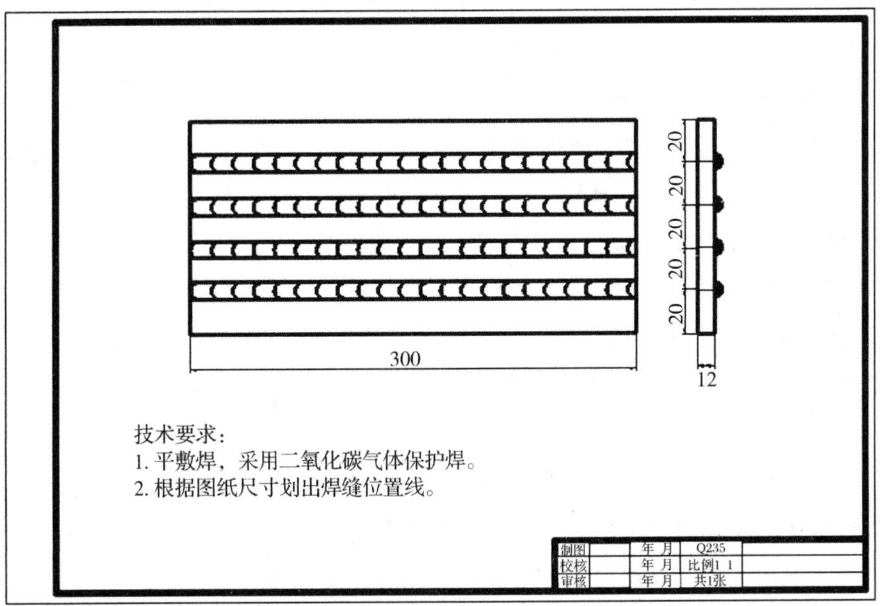

图 2-1　低碳钢板平敷焊图样

任务目标

任务目标见表 2-1。

表 2-1　低碳钢板平敷焊任务目标

知识目标	掌握平敷焊的操作工艺，参数的设置及运条的方式
能力目标	能够正确熟练运用焊接设备对焊件进行平敷焊，保证焊缝质量
素质目标	提升学生解决问题的实际能力

相关知识

气体保护电弧焊（简称气体保护焊）是用外加气体作为电弧介质并保护电弧和焊接区的电弧焊方法。

1. 气体保护焊的原理

气体保护焊直接依靠从喷嘴中连续送出的气流，在电弧周围形成局部的气体保护层，使电极端部、熔滴和熔池金属处于保护气罩内，使其与空气隔绝，从而保证焊接过程的稳定获得质量优良的焊缝。

2. 保护气体的种类及用途

气体保护焊时，保护气体在焊接区形成保护层，同时电弧又在气体中放电，因此保护气体的性质与焊接质量有着密切的关系。保护气体分为惰性气体、还原性气体、氧化性气体和混合气体。

① 惰性气体有氩气和氦气，其中以氩气使用最为普遍。目前，氩弧焊已从焊接化学性质较活泼的金属发展到焊接常用金属（如低碳钢）。氦气由于价格昂贵，而且气体消耗量大，常与氩气混合使用，较少单独使用。

② 还原性气体有氮气和氢气。氮气虽然是焊接中的有害气体，但它不溶于铜，对于铜它实际上就是“惰性气体”，所以可专用于铜及铜合金的焊接。氢气主要用于氢原子焊，但目前应用较少。另外，氮气、氢气也常和其他气体混合使用。

③ 氧化性气体有二氧化碳。由于这种气体来源丰富，成本低，因此应用较广。目前，二氧化碳气体主要应用于碳素钢及低合金钢的焊接。

④ 混合气体这是指在一种保护气体中加入一定比例的另一种气体，可以提高电弧稳定性和改善焊接效果。因此，现在采用混合气体保护的方法很普遍。

3. 气体保护焊的分类

按所用电极材料的不同，气体保护焊可分为不熔化极气体保护焊和熔化极气体保护焊，按焊接保护气体的种类不同，气体保护焊可分为氩弧焊、CO_2气体保护焊等。按操作方式的不同，气体保护焊又可分为手工、半自动和自动气体保护焊。

4. CO_2气体保护焊的特点

（1）优点

① 生产效率高。CO_2气体保护焊的焊接电流密度大，焊丝的熔敷速度高，母材的熔深较大，对于 10 mm 以下的钢板不开坡口可一次焊透，产生熔渣极少；焊接过程不必像焊条电弧焊那样停弧换焊条，节省了清渣时间和一些填充金属（不必丢掉焊条头），生产效率比焊条电弧焊提高 1～4 倍。

② 抗锈能力强。由于CO_2气体在焊接过程中分解，氧化性较强，对焊件上的铁锈敏感性小，故对焊前清理的要求不高。

③ 焊接变形小。由于电弧热量集中、CO_2气体有冷却作用、受热面积小，所以焊后焊件变形小。薄板的焊后变形改善更为明显。

④ 冷裂倾向小。CO_2气体保护焊焊缝的扩散氢含量少，抗裂性能好，在焊接低合金高强度钢时，出现冷裂的倾向小。

⑤ 可见性好。采用明弧焊，熔池可见性好，观察和控制熔接过程较为方便。

⑥ 适用范围广。CO_2气体保护焊可进行各种位置的焊接，不仅适用于薄板焊接，还常用于中、厚板的焊接，而且也用于磨损零件的修补堆焊。

（2）主要缺点

使用大电流焊接时，飞溅物较多；很难用交流电源焊接或在有风的地方施焊；不能焊接容易氧化的有色金属材料。

4. CO_2气体保护焊的冶金特点

在常温下，CO_2气体化学性能呈中性。在电弧高温下，CO_2气体被分解而呈很强的氧化性，使合金元素氧化烧损，成为产生气孔和飞溅的根源。

任务实施

1. 焊前准备

（1）焊件材质：Q235A。

（2）焊件尺寸：12×120×300 mm。

（3）焊丝型号：ER50-6（实芯焊丝），直径 1.2 mm。

（4）保护气体：CO_2气体纯度要求达到 99.5%。

（5）焊接设备：NB-350 型

2. 焊件清理

清理焊件表面范围内的油污、铁锈及氧化物等，直至呈现金属光泽为止。

3. 焊接工艺参数

低碳钢板平敷焊焊接工艺参数见表 2 - 2：

表 2 - 2　低碳钢板平敷焊焊接工艺参数

焊接层次	焊丝直径/mm	焊接电流/A	焊接电压/V	CO_2流量/（L/mim）
正面	1.2	110～130	19～23	12～15

4. 操作要领

CO_2 气体保护焊与焊条电弧焊引弧方法稍有不同，不采用划擦引弧法，主要采用直击引弧法，且引弧时不必抬起焊炬。引弧方法如图（2 - 2）所示。

焊接时枪嘴不要抬得太高，太高了容易出现气孔、跳丝。枪嘴距离焊缝大约 8—15 mm，不要压得太低，太低不容易观察焊缝，而且会烧嘴，送丝过快会出现气孔，焊缝成形不好。二氧化碳气体不要过于充足，飞溅物会过多，浪费气体。

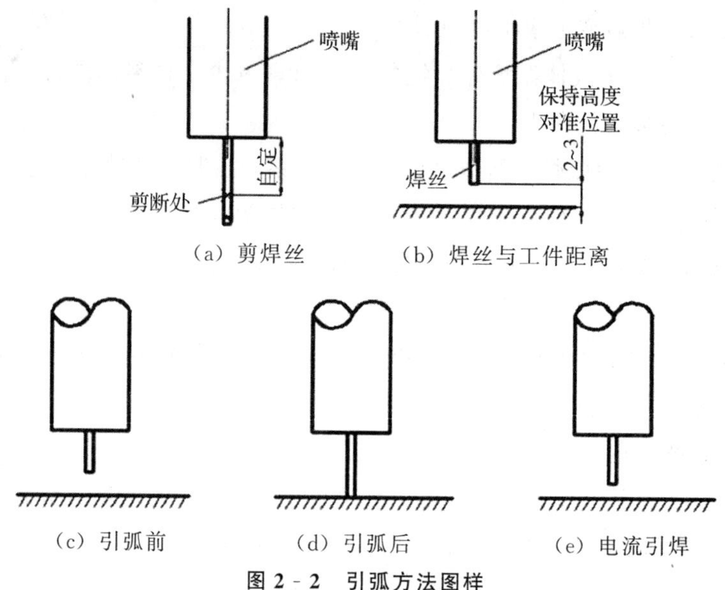

（a）剪焊丝　（b）焊丝与工件距离

（c）引弧前　（d）引弧后　（e）电流引焊

图 2-2　引弧方法图样

（1）起弧

起弧之前在焊丝端头与母材之间保持一定距离的情况下，按下焊枪开关。在起弧时，保持干伸长度稳定。起弧处由于工件温度较低，又无法像手工焊那样拉长电弧预热，所以应采用倒退引弧法，使焊道充分熔和。

（2）运条方法

气体保护焊常用的运枪方式，有锯齿形，三角形，月牙形，斜圆圈形。这里我们采用锯齿形，焊丝向熔池方向送进，焊丝匀速沿焊接方向移动，同时做横向摆动。目的是控制焊道成型，焊丝向前移动速度过快会出现焊道较窄、未焊透等问题；焊丝向前移动速度过慢会出现焊道过高、过宽，甚至于出现烧穿等缺陷。

（3）收尾

在一道焊缝焊接完毕后容易出现弧坑，不要把焊枪提起的太早，要等焊缝充分形成后，再提起走焊枪，避免出现弧坑。

任务小结

任务小结见表 2-3。

表 2-3　低碳钢板平敷焊任务小结

注意事项	操作技巧
1. 焊前注意穿戴个人劳保用品，检查设备各接线处是否有松动现象；焊钳及电缆线是否有破损；防止漏电和接触不良现象 2. 焊接过程注意个人保护眼睛及提醒周围同学注意电弧光灼伤眼睛	1. 调节焊机过程中，应该先调试好焊接电压，后调节焊接电流；注意，焊接电流与焊接电压不可一起调试 2. 引弧后，控制好焊丝离开焊件的速度与距离

任务评价

任务评价见表 2-4。

表 2-4 低碳钢板平敷焊评分标准

班级　　　　　　姓名　　　　　　　　　　　　　　　　年　　月　　日

考件名称	低碳钢板平敷焊	时限	60 min	总分	
项目	考核技术要求	配分	评分标准		得分
焊前准备	各种设备、工具的安装使用	5	使用和安装方法不正确扣 1～5 分		
	焊接参数的选择	5	不正确不得分		
焊件尺寸外观质量	焊缝余高（h）$0 \leqslant h \leqslant 3$ mm	8	每超差 1 mm 扣 2 分		
	焊缝余高差（h_1）$0 \leqslant h_1 \leqslant 2$ mm	5	每超差 1 mm 扣 1 分		
	焊缝宽度 10～12 mm	5	每超差 1 mm 扣 1 分		
	焊缝宽度差（c_1）$0 \leqslant c_1 \leqslant 2$ mm	5	每超差 1 mm 扣 1 分		
	焊缝边缘直线度误差≤3 mm	8	每超差 1 mm 扣 1 分		
	咬边缺陷深度 $F \leqslant 0.5$ mm；累计长度小于 30 mm	8	每超差 1 mm 扣 2 分，扣去 8 分为止		
	无夹渣	5	每出现一处缺陷扣 3 分		
	无未熔合	5	出现缺陷不得分		
	起头良好	5	处理不当不得分		
	无焊瘤	5	处理不当不得分		
	收尾处弧坑填满	5	处理不当不得分		
	无气孔	5	处理不当不得分		
	接头无脱节	5	每出现一处脱节扣 3 分		
	焊缝表面波纹细腻均匀，成形美观	6	根据成形酌情扣分		
安全文明生产	按照国家安全生产法规有关规定考核	5	视违反规定的程度扣 1～5 分		
时限	焊件必须在考核时间内完成	5	超时≤5 min 扣 2 分 超时＜5～10 min 扣 5 分 超时 20 min 不及格		

任务 2.2 低碳钢板平角焊

工作任务

① 读懂图样（见图 2 - 3），合理选择焊接参数；

② 调节设备参数，控制运条速度，完成焊件焊接，保证焊缝质量；

③ 焊接的各项尺寸控制在偏差范围内。

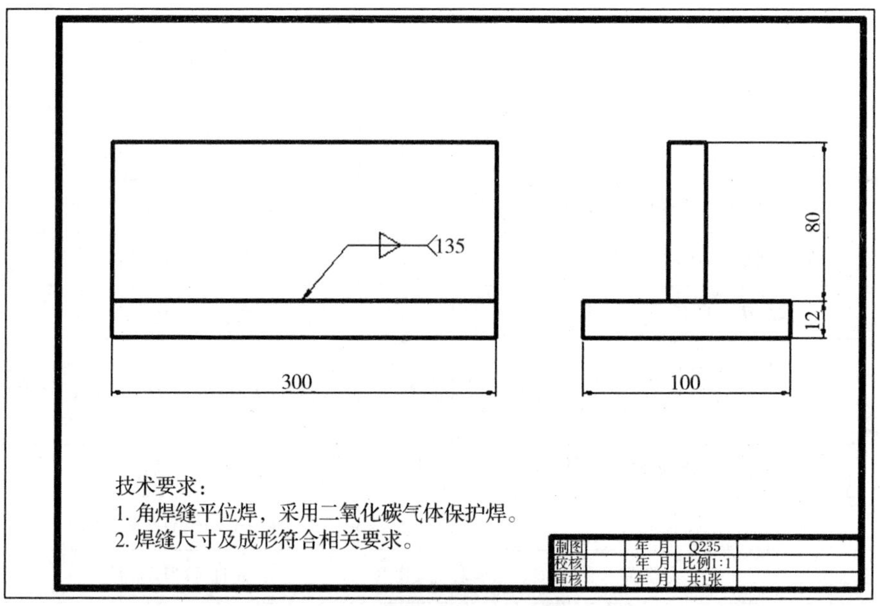

图 2 - 3 低碳钢板平角焊图样

任务目标

任务目标见表 2 - 5。

表 2 - 5 低碳钢板平角焊任务目标

知识目标	掌握平角焊的操作工艺，参数的设置及运条的方式
能力目标	能够正确熟练运用焊接设备对焊件进行平角焊，保证焊缝质量
素质目标	提升学生解决问题的实际能力

相关知识

按保护气体的种类分类，气体保护焊用药芯焊丝可细分为 CO_2 气体保护焊、熔化极惰性气体保护焊、混合气体保护焊以及钨极氩弧焊用药芯焊丝。其中 CO_2 气体保护焊药芯焊丝主要用于结构件的焊接，其用量大大超过其他种类气体保护焊用药芯焊丝。由于不同种类的保护气体在焊接冶金反应过程中的表现状态是不同的，为此药芯焊丝在药芯中所采用的冶金处理方式以及程度也不相同。因此，尽管被焊金属相同，不同种类气体保护焊用药芯焊丝原则上讲是不能相互代用的。

1. 气体保护电弧焊

分钨极惰性气体保护焊和熔化极气体保护焊两大类。

（1）钨极惰性气体保护焊

是在惰性气体的保护下利用钨电极与工件间产生的电弧热熔化母材和填充焊丝（如果使用填充焊丝）的一种焊接方法。用氩气作为保护气体的称钨极氩弧焊，用氦气作为保护气体的称为钨极氦弧焊。由于氦气价格昂贵，在工业上广泛使用的是钨极氩弧焊。钨极氩弧焊按操作方式分为手工焊、半自动焊和自动焊。以手工钨极氩弧焊应用最广泛，其次是自动钨极氩弧焊，半自动钨极氩弧焊则很少应用。钨极惰性气体保护焊适宜于焊接各种有色金属和合金。其特点是电弧稳定，输入能量易于控制，焊接质量高，对焊接位置和接头几何形状的适应性也较强。但因焊接电流受钨极许用电流的限制和向焊缝中添加填充金属不方便，这种方法不利于焊接工件，焊接生产率也低。

（2）熔化极气体保护焊

是采用可熔化的焊丝（熔化电极）与焊件之间的电弧热作为热源来熔化焊丝与母材金属，并向焊接区输送保护气体，使电弧、熔化的焊丝、熔池及附近的母材金属免受空气影响的气体保护焊。它适宜于焊接各种金属材料。与钨极惰性气体保护焊相比，焊接生产率高许多倍。用细焊丝（一般直径小于 1.6 mm），小电流时，可用于各种位置的焊接；用粗焊丝，大电流时，则主要用于平焊位置。

熔化极惰性气体保护焊通常用氩、氦、或氩与氦的混合气体作保护气体，熔滴过渡形式是喷射过渡或脉冲喷射过渡，适宜于焊接各种有色金属和奥氏体不锈钢和高温合金。

氧化性混合气体保护焊保护气体由惰性气体和少量氧化性气体——O_2，CO_2 或其混合气体（一般 O_2 为 2%～5%，CO_2 为 5%～20%）混合而成。熔滴过渡形式为短路过渡、喷射过渡或脉冲喷射过渡，适用于碳钢、合金钢和不锈钢等黑色金属材料的焊接。

二氧化碳气体保护焊保护气体主要用二氧化碳，有时在其中加入一定量的氧（5%～20%）。熔滴过渡形式是短路过渡或滴状兼短路过渡，只适宜于焊接碳钢和合金结构钢，焊接成本低。

药芯焊丝气体保护焊采用中心含有药芯（焊剂）的管状焊丝，用二氧化碳或二氧化碳加氩气体作为保护气体，兼有二氧化碳气体保护焊和手弧焊的某些特点，适宜于焊接碳钢、低合金钢、镍及其合金等。主要特点：①由于采用二氧化碳气体和焊剂的联合保护，易于获得优质焊缝；②电弧稳定，飞溅物少，焊缝成形好；③对焊件钢材成分的适应性强；④焊接生产率高，约为手弧焊的 3～5 倍。

2. 接头形式

焊接结构中，除了大量采用对接接头外，还广泛采用 T 形接头、搭接接头和角接接头等接头形式，如图 2 - 4 所示。这些接头形成的焊缝称为角焊缝。

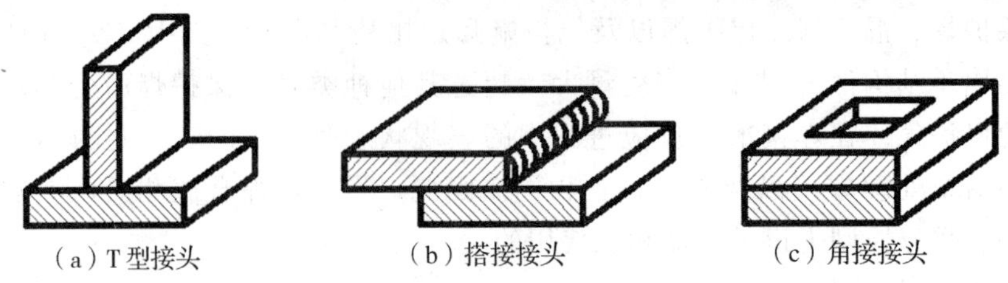

图 2 - 4　角接接头形式图样

角焊缝是指沿 2 个直交或近似直交零件的交线所焊接的焊缝。角焊缝又分直角焊缝和斜角焊缝。角焊缝各部位的名称如图所示。这些接头对于平焊位置角焊缝的焊接，称为平角焊。

任务实施

1. 焊前准备

① 焊件材质：Q235A。

② 焊件尺寸：12×120×300 mm 两块。

③ 坡口形式：T 形。

④ 焊丝型号：ER50-6（实芯焊丝），直径 ϕ1.2 mm。

⑤ 焊接设备型号：NB-350 型。

2. 焊件装配

① 焊前清理要把坡口和靠近坡口上、下两侧 15～20 mm 内的钢板上的油、锈、水分及其他污物打磨干净，直至露出金属光泽。为防止飞溅物不好清理和堵塞喷嘴，可在焊件表面涂上一层飞溅物防黏剂，在喷嘴上涂一层喷嘴防堵剂。

② 定位焊时需要两板件必须互相垂直，焊在正式焊缝的背面 2～3 个焊点，长度约为 8～15 mm，焊接时应比正式焊接的电流大 10%～15%。

3. 焊接工艺参数

低碳钢板平角焊焊接工艺参数见表 2 - 6。

表 2 - 6　低碳钢板平角焊焊接工艺参数

焊接层次	焊丝直径/mm	焊接电流/A	焊接电压/V	CO_2流量/（L/min）
打底层	1.2	120～150	19～23	12～15
盖面层	1.2	110～130	20～23	12～15

4. 操作要领

平角焊比较容易产生未焊透、焊缝偏下及咬边等缺陷。焊接时，必须根据 2 块板的厚度来调整焊枪的角度。焊接不同板厚的角焊缝时，电弧应偏向于厚板的一边，使厚板所受热量增加。通过焊枪角度的调节，使厚板和薄板的受热趋于均匀，以保证接头良好的熔合。焊接角度如图 2 - 5 所示。

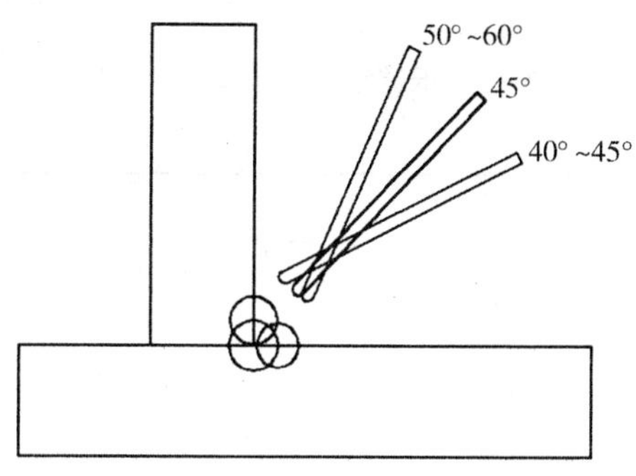

图 2 - 5　焊接角度

（1）打底

焊接打底层时，采用直线形运条方法焊接，焊接电流可以稍微偏大些（120～150 A)，以达到一定的熔透深度。焊枪角度和焊接速度的调整是保证焊接质量的关键。焊接时焊枪角度过大，会造成凸形焊道及咬边；焊接速度过慢，则则会导致焊道表面凹凸不平。在焊接过程中，要根据熔池的具体情况，及时调调整焊接速度和摆动方式，才能有效地避免咬边、熔合不良、焊道下垂等缺陷的产生。

（2）盖面

盖面时可采用斜圆圈形或斜锯齿形运条法。运条必须有规律，注意焊道两侧的停顿节奏。否则，容易产生咬边、夹渣、边缘熔合不良等缺陷。收尾时要填满弧坑。也可以采用多层多道焊，焊接时，焊枪可不做任何摆动，但运条速度必须均匀，特别要注意各个焊道的排列顺序。焊接第一层焊道时，应采用较大的焊接电流，以保证有较大的熔深；焊接第二层第二条焊道时，控制其覆盖第一层焊道 1/2～2/3，并保证焊脚脚的尺寸，焊接速度要慢些；焊接第二层第三条焊道时，焊道要细些，以控制整体焊缝外形平整圆滑，焊接速度要快些，可避免因温度增高使立板产生咬边现象。

任务小结

任务小结见表 2 - 7。

表 2 - 7　低碳钢板平角焊任务小结

注意事项	操作技巧
1. 焊前注意穿戴个人劳保用品，检查设备各接线处是否有松动现象；焊钳及电缆线是否有破损；防止漏电和接触不良现象 2. 焊接过程注意个人保护及提醒周围同学注意防范，以免电弧光灼伤眼睛	1. 调节焊机过程中，应该先调试好焊接电压，后调节焊接电流。注意，焊接电流与焊接电压不可一起调试 2. 引弧后，控制好焊丝离开焊件的速度与距离

任务评价

任务评价见表 2 - 8。

表 2 - 8 低碳钢板平角焊评分标准

班级　　　　　　姓名　　　　　　　　　　　　　　　　　　年　　月　　日

<table>
<tr><td>考件名称</td><td>低碳钢板平角焊</td><td>时限</td><td>60 min</td><td>总分</td><td colspan="2"></td></tr>
<tr><td>项目</td><td>考核技术要求</td><td>配分</td><td colspan="3">评分标准</td><td>得分</td></tr>
<tr><td rowspan="2">焊前准备</td><td>各种设备、工具的安装使用</td><td>5</td><td colspan="3">使用和安装方法不正确扣 1～5 分</td><td></td></tr>
<tr><td>焊接参数的选择</td><td>5</td><td colspan="3">不正确不得分</td><td></td></tr>
<tr><td rowspan="14">焊件尺寸外观质量</td><td>焊缝余高（h）$0 \leq h \leq 3$ mm</td><td>8</td><td colspan="3">每超差 1 mm 扣 2 分</td><td></td></tr>
<tr><td>焊缝余高差（h_1）$0 \leq h_1 \leq 2$ mm</td><td>5</td><td colspan="3">每超差 1 mm 扣 1 分</td><td></td></tr>
<tr><td>焊缝宽度 10～12 mm</td><td>5</td><td colspan="3">每超差 1 mm 扣 1 分</td><td></td></tr>
<tr><td>焊缝宽度差（c_1）$0 \leq c_1 \leq 2$ mm</td><td>5</td><td colspan="3">每超差 1 mm 扣 1 分</td><td></td></tr>
<tr><td>焊缝边缘直线度误差≤3 mm</td><td>8</td><td colspan="3">每超差 1 mm 扣 1 分</td><td></td></tr>
<tr><td>咬边缺陷深度 $F \leq 0.5$ mm；累计长度小于 30 mm</td><td>8</td><td colspan="3">每超差 1 mm 扣 2 分，扣去 8 分为止</td><td></td></tr>
<tr><td>无夹渣</td><td>5</td><td colspan="3">每出现一处缺陷扣 3 分</td><td></td></tr>
<tr><td>无未熔合</td><td>5</td><td colspan="3">出现缺陷不得分</td><td></td></tr>
<tr><td>起头良好</td><td>5</td><td colspan="3">处理不当不得分</td><td></td></tr>
<tr><td>无焊瘤</td><td>5</td><td colspan="3">处理不当不得分</td><td></td></tr>
<tr><td>收尾处弧坑填满</td><td>5</td><td colspan="3">处理不当不得分</td><td></td></tr>
<tr><td>无气孔</td><td>5</td><td colspan="3">处理不当不得分</td><td></td></tr>
<tr><td>接头无脱节</td><td>5</td><td colspan="3">每出现一处脱节扣 3 分</td><td></td></tr>
<tr><td>焊缝表面波纹细腻均匀，成形美观</td><td>6</td><td colspan="3">根据成形酌情扣分</td><td></td></tr>
<tr><td>安全文明生产</td><td>按照国家安全生产法规有关规定考核</td><td>5</td><td colspan="3">视违反规定的程度扣 1～5 分</td><td></td></tr>
<tr><td>时限</td><td>焊件必须在考核时间内完成</td><td>5</td><td colspan="3">超时≤5 min 扣 2 分
超时<5～10 min 扣 5 分
超时 20 min 不及格</td><td></td></tr>
</table>

任务 2.3　低碳钢板 V 形坡口对接平焊

工作任务

① 读懂图样（见图 2-6），合理选择焊接参数；

② 调节设备参数，控制运条速度，完成焊件焊接，保证焊缝质量；

③ 焊接的各项尺寸控制在偏差范围内。

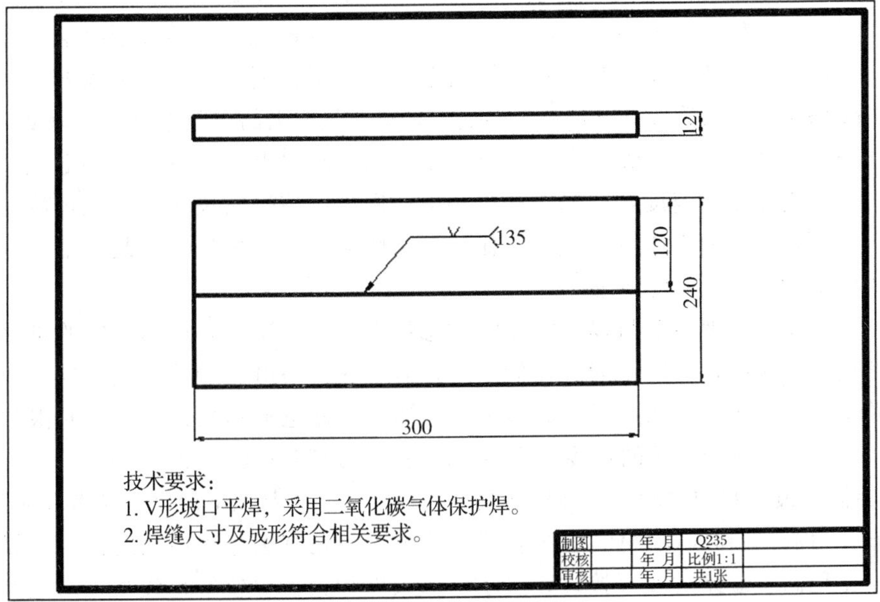

图 2-6　V 形坡口对接平焊图样

任务目标

任务目标见表 2-9。

表 2-9　低碳钢板 V 形坡口对接平焊任务目标

知识目标	掌握 V 形坡口对接平焊的操作工艺，参数的设置及运条的方式
能力目标	能够正确熟练运用焊接设备对焊件进行平敷焊，保证焊缝质量
素质目标	提升学生解决问题的实际能力

相关知识

1. CO_2焊的熔滴过渡

（1）熔滴过渡类型

熔化极气体保护焊时，焊丝除了作为电弧电极外，其端部还不断受热熔化，形成熔滴并陆续脱离焊丝过渡到熔池中去。熔化极气体保护焊的熔滴过渡形式大致有三种，即短路过渡、粗滴过渡和喷射过渡。

① 短路过渡　短路过渡是在采用细焊丝、小电流、低电弧电压焊接时出现的。因为电弧很短，焊丝末端的熔滴还未形成大滴时，即与熔池接触而短路，使电弧熄灭。在短路电流产生的电磁收缩力及熔池表面张力的共同作用下，熔滴迅速脱离焊丝末端过渡到熔池中去。以后，电弧又重新引燃。这样周期性的短路—燃弧交替的过程，称为短路过渡。

短路过渡能否稳定地维持下去，主要取决于焊接电源的动特性和焊接工艺参数。

对焊接电源动特性的要求是：所供给的电流和电压必须满足短路过程的变化，即应有合适的短路电流增长速度，短路最大电流值，以及足够大的空载电压恢复速度。

当熔滴与焊件短路时，焊接电源应能在很短的时间内提供合适的短路电流，即有一个合适的短路电流增长速度，以利于产生颈缩并断裂，使熔滴快速平稳地过渡。在恢复燃弧时，需要足够大的电压恢复速度，促使电弧顺利地重新燃烧，因此，用作短路过渡的焊接电源必须具有良好的动态特性。

短路电流增长速度不仅与焊接电源的动态特性有关，还与焊接回路内的电感大小有关。短路过渡焊接时，对于不同直径的焊丝，需要的短路电流增长速度不同，通常要在焊接回路中串入一定的电感，通过调节电感来调节短路电流增长速度，同时限制短路电流最大值。此外，选择合适的焊接工艺参数也是保持短路过渡的稳定条件。

② 粗滴过渡（颗粒过渡）粗滴过渡是采用中等工艺参数以上的电流和电压时发生的，电弧较长，熔滴呈颗粒状。粗滴过渡有两种形式。一是有短路的粗滴过渡，当焊接电流和电弧电压稍高于短路过渡焊接时，由于电弧长度加大，焊丝熔化较快，而电磁收缩力不够大，以致熔滴体积不断增大，并在熔滴自身的重力作用下，向熔池过渡，同时伴随着一定的短路过渡。此时，过渡频率低，每秒只有几滴到二十几滴。二是无短路的粗滴过渡。当进一步增大焊接电流和电弧电压时，由于电磁收缩力的加强，阻止了熔滴自由胀大，并促使熔滴加快过渡，同时不再发生短路过渡现象。因熔滴体积减小，故过渡频率略有增加。这两种粗滴过渡的形式，常用于中、厚板的焊接。

③ 喷射过渡　在粗滴过渡的基础上，当增大的焊接电流达到一定数值时，即会变为喷射过渡。其特点是：熔滴形成尺寸很小的微粒流，以很高的频率沿着电弧轴线射向熔池，电弧稳定，飞溅极小。

（2）CO_2焊熔滴过渡

CO_2焊时，主要有两种熔滴过渡形式。一是短路过渡，另一种是粗滴过渡。而喷射过渡在CO_2焊中是很难出现的。

当CO_2焊采用细丝时，一般都是短路过渡，短路频率很高，每秒可达几十次到一百多次，每次短路完成一次熔滴过渡，所以焊接过程稳定，飞溅小，焊缝成型好。

而在粗丝 CO_2 焊中，则往往是以粗滴过渡的形式出现，因此飞溅较大，焊缝成型也差些。但由于电流比较大，所以电弧穿透力强，母材熔深大，这对中厚板的焊接是有利的。

任务实施

1. 焊前准备

① 焊件材质：Q235A。

② 焊件尺寸：12×120×300 mm 两块。

③ 坡口形式：V 形。

④ 装配间隙：2～3 mm。

⑤ 焊丝型号：ER50-6（实芯焊丝），ϕ1.2 mm。

⑥ 焊接设备型号：NB-350 型。

2. 焊件装配

① 清理坡口及坡口两侧各 20 mm 范围内的油污、铁锈及氧化物等，直至呈现金属光泽为止。

② 定位焊时在试件坡口内进行定位焊，焊点长度为 10～15 mm，厚度为 3～4 mm，必须焊透且无缺陷。其在两端应预先打磨成斜坡，以便接头。

3. 焊接工艺参数

低碳钢板 V 形坡口对接平焊焊接工艺参数见表 2 - 10。

表 2 - 10　低碳钢板 V 形坡口对接平焊焊接工艺参数

焊接层次	焊丝直径/mm	焊接电流/A	焊接电压/V	CO_2 流量/（L/min）
打底层	1.2	120～150	19～22	12～15
填充层	1.2	130～150	20～23	12～15
盖面层	1.2	110～130	19～24	12～15

4. 操作要领

（1）装配与定位焊

焊接操作中装配与定位焊很重要，为了保证既焊透又不烧穿，必须留有合适的对接间隙和合理的钝边。根据试件板厚和焊丝直径大小，确定钝边 a～0.5 mm，间隙 b＝3～4 m（始端为 3，终端为 4），反变形约 3～4，错边量 0.5 m。点固焊时，在试件两端坡口内侧点固焊，焊点长度 10～15 m，高度 5～6 m，以保证固定点强度，抵抗焊接变形时的收缩。点焊前，戴好头盔面罩，左手握焊帽，右手握焊枪，焊枪喷嘴接触试件部坡口处，按动引弧技钮引燃电弧，待熔池熔化坡口两侧约 1 mm 时向前进行施焊，施焊过程中注意观察熔池状态电弧是否击穿熔孔。

（2）打底焊

装配好的焊件固定在水平焊接工作台上，采用左向焊法，如图 2 - 7 所示，在试件右端固定点引弧，焊枪与焊缝横向垂直，与焊缝方向成 75°～80°。电弧长度约 2～3 mm，带形成熔池后开始焊接，焊至固定点末端电弧稍做停顿，击穿根部打开熔孔，使坡口两侧各熔化 0.5～1 mm，正常焊接时。摆动幅度、前移尺寸大小要均匀，电弧的 2/3 在正面熔池，电弧的 1/3 通过间隙在坡口背面，用来击穿熔孔，保护背面熔池。焊接过程中，注意观察并控制熔孔大小一致保持在 0.5～1 mm。正常形状为半圆形，当发现熔池颜色变白亮时，其形状变为桃形或心形，说明熔池中部温度过高，铁水开始下坠，背面余商增大，甚至产生焊瘤，此时应加大电弧前移步伐，加快焊接接速度，以降低格池温度。若熔池成椭圆形表明热输入不足，根部没有熔合，应减小电弧前移步伐，放慢焊接速度。

收弧时，注意一定要满弧坑，防止裂纹的产生；收尾时，可采用反复灭弧法或在弧坑处多做停留，保证弧坑填满。

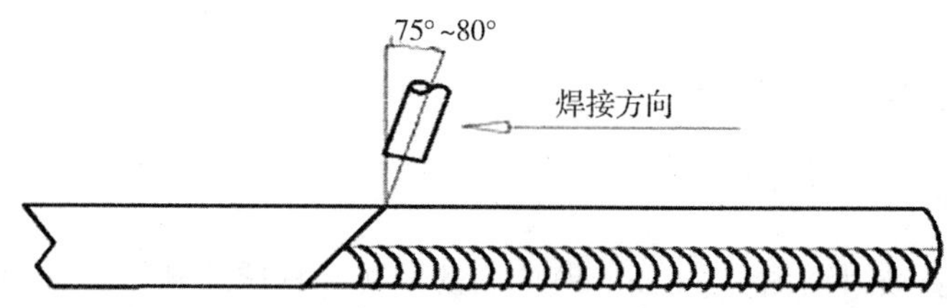

图 2-7　左向焊法

（3）填充焊

用铺丝刷清理去除底层焊缝氧化皮，清理污物。在试件右端引燃电弧，调整电弧长度并稍做停顿，预热试件端部，待形成熔池，锯齿烈动电弧，焊枪角度、焊丝角度与打底层基本相同，电弧比打底层摆动幅度大，动速度稍慢，坡口两边稍作停顿。电弧前移步代大小，以焊缝厚度为准，约 2/3～1/2 熔池大小。观察熔池大小情况，以距棱边高 1～1.5 mm 为准，决定电弧前移步伐和焊丝填加频率大小，以不破坏坡口棱边为好，为盖面层留作参考基准。接头时，在弧坑前方 5 mm 处引燃电弧，回移电弧预热弧坑，当重新熔化弧坑并形成熔池时转入正常焊接。

（4）盖面焊

与填充层相同，电弧在坡口两边停顿时间稍长，电弧熔入棱边 1～1.5 mm，焊缝要饱满，避免咬边缺陷。焊缝余高约 2 mm。

任务小结

任务小结见表 2-11。

表 2-11　低碳钢板 V 形坡口对接平焊任务小结

注意事项	操作技巧
1. 焊前注意穿戴个人劳保用品，检查设备各接线处是否有松动现象；焊钳及电缆线是否有破损；防止漏电和接触不良现象 2. 焊接过程注意个人保护及提醒周围同学注意防范，以免电弧光灼伤眼睛	1. 调节焊机过程中，应该先调试好焊接电压，后调节焊接电流；注意，焊接电流与焊接电压不可一起调试 2. 引弧后，控制好焊丝离开焊件的速度与距离

任务评价

任务评价见表 2 - 12。

表 2 - 12　低碳钢板 V 形坡口对接平焊评分标准

班级　　　　　　　姓名　　　　　　　　　　　　　　　　　　　年　　月　　日

<table>
<tr><td>考件名称</td><td>低碳钢板 V 形坡口对接平焊</td><td>时限</td><td>60 min</td><td>总分</td></tr>
<tr><td>项目</td><td>考核技术要求</td><td>配分</td><td>评分标准</td><td>得分</td></tr>
<tr><td rowspan="2">焊前准备</td><td>各种设备、工具的安装使用</td><td>5</td><td>使用和安装方法不正确扣 1～5 分</td><td></td></tr>
<tr><td>焊接参数的选择</td><td>5</td><td>不正确不得分</td><td></td></tr>
<tr><td rowspan="15">焊件尺寸外观质量</td><td>焊缝余高（h）$0\leqslant h\leqslant 3$ mm</td><td>8</td><td>每超差 1 mm 扣 2 分</td><td></td></tr>
<tr><td>焊缝余高差（h_1）$0\leqslant h_1\leqslant 2$ mm</td><td>5</td><td>每超差 1 mm 扣 1 分</td><td></td></tr>
<tr><td>焊缝宽度 10～12 mm</td><td>5</td><td>每超差 1 mm 扣 1 分</td><td></td></tr>
<tr><td>焊缝宽度差（c_1）$0\leqslant c_1\leqslant 2$ mm</td><td>5</td><td>每超差 1 mm 扣 1 分</td><td></td></tr>
<tr><td>焊缝边缘直线度误差≤3 mm</td><td>8</td><td>每超差 1 mm 扣 1 分</td><td></td></tr>
<tr><td>咬边缺陷深度 $F\leqslant 0.5$mm；累计长度小于 30 mm</td><td>8</td><td>每超差 1 mm 扣 2 分，扣去 8 分为止</td><td></td></tr>
<tr><td>无夹渣</td><td>5</td><td>每出现一处缺陷扣 3 分</td><td></td></tr>
<tr><td>无未熔合</td><td>5</td><td>出现缺陷不得分</td><td></td></tr>
<tr><td>起头良好</td><td>5</td><td>处理不当不得分</td><td></td></tr>
<tr><td>无焊瘤</td><td>5</td><td>处理不当不得分</td><td></td></tr>
<tr><td>收尾处弧坑填满</td><td>5</td><td>处理不当不得分</td><td></td></tr>
<tr><td>无气孔</td><td>5</td><td>处理不当不得分</td><td></td></tr>
<tr><td>接头无脱节</td><td>5</td><td>每出现一处脱节扣 3 分</td><td></td></tr>
<tr><td>焊缝表面波纹细腻均匀，成形美观</td><td>6</td><td>根据成形酌情扣分</td><td></td></tr>
<tr><td>安全文明生产</td><td>按照国家安全生产法规有关规定考核</td><td>5</td><td>视违反规定的程度扣 1～5 分</td><td></td></tr>
<tr><td>时限</td><td>焊件必须在考核时间内完成</td><td>5</td><td>超时≤5 min 扣 2 分
超时<5～10 min 扣 5 分
超时 20 min 不及格</td><td></td></tr>
</table>

任务 2.4　低碳钢板 V 形坡口对接立焊

工作任务

① 读懂图样（见图 2-8），合理选择焊接参数；

② 调节设备参数，控制运条速度，完成焊件焊接，保证焊缝质量；

③ 焊接的各项尺寸控制在偏差范围内。

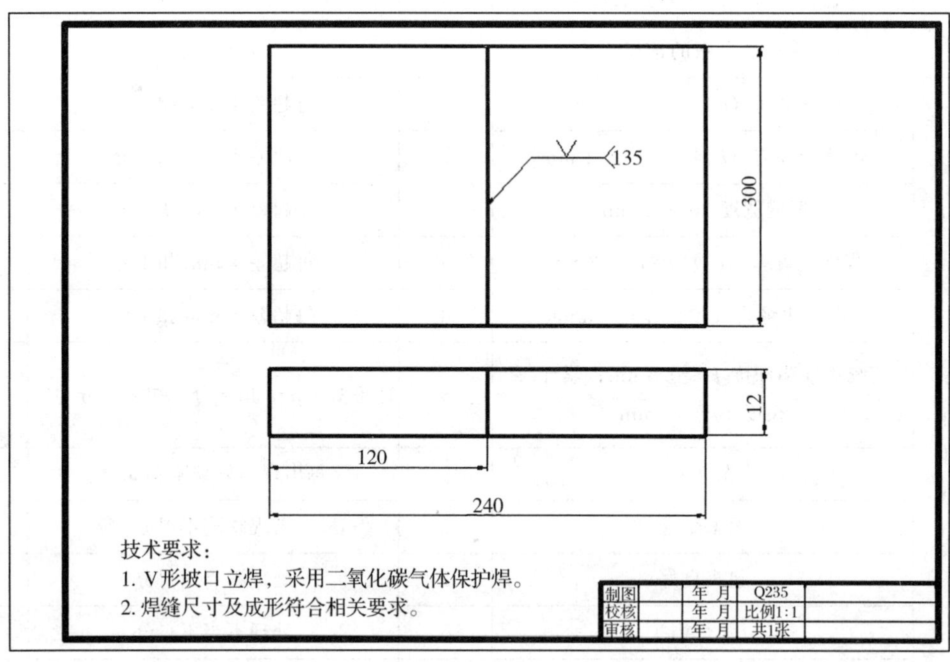

图 2-8　V 形坡口对接立焊图样

任务目标

任务目标见表 2-13。

表 2-13　低碳钢板 V 形坡口对接立焊任务目标

知识目标	掌握 V 形坡口对接立焊的操作工艺，参数的设置及运条的方式
能力目标	能够正确熟练运用焊接设备对焊件进行平敷焊，保证焊缝质量
素质目标	提升学生解决问题的实际能力

相关知识

1. 金属飞溅产生的原因

（1）由冶金反应引起的飞溅

在常温下二氧化碳气体的化学性能呈中性，但在高温时具有很强的氧化性，使熔滴和熔池中的碳元素氧化成大量的一氧化碳气体。一氧化碳气体在电弧高温的作用下，体积会急剧膨胀，若从熔滴或熔池中的外逸受到阻得，就可能在局部范围爆破，从而产生大量的细颗粒飞溅金属。

（2）熔滴短路过渡引起的飞溅

熔化极电弧焊（焊丝）的尾端，在电弧高温作用下发生熔化，而熔化的焊丝尾端成颗粒状的形态，不断地离开焊丝末端过渡熔池中去，这个过程就叫作熔滴过渡。

在电弧长度超过一定值时，焊丝末端依靠表面张力的作用，自由长大而形成熔滴。当促使熔滴下落的力大于表面张力时，熔滴就离开焊丝落到熔池中而发生短路，电弧熄灭，这时短路电流迅速上升，作用在熔滴上的电磁力也急剧增大。在电磁力和熔池表面张力的作用下，滴与熔池的接触面不断扩大，使部变得更细。当短路电流增大到一定数值后，缩颈即爆断，如果短路电流上升速度过快，峰值短路电流就会过大，引起相当大的缩颈力，造成焊接飞溅。因此，在接电源回路中，串入合适的电感值可以有效地限制短路电流上升速度。

（3）焊接参数选择不当而引起飞溅

氧化碳气体保护焊，与金属飞溅有直接关系的参数主要有：焊接电流、送丝速度、焊丝伸出长度、及电弧电压。随着电弧电压的升高，飞溅金属物要增大，这是因为电弧电压升高导致电弧长度变长，易引起焊丝末端的熔滴长大。在长弧焊（用大电流）时，熔滴易在焊丝未端产生无规则的晃动：而短弧焊（用小电流）时，将造成粗大的液体金属过桥，这些均易引起飞溅增大。

（4）由极点压力引起的飞溅

这种飞溅就是弧柱中的电子（正离子）以极高速度向焊丝端部的熔滴撞击时所产生的冲击力（极点压力）而引起的，这种压力总是阻止熔滴过渡。极点压力引起的金属飞溅主要取决于电源的极性，当采用直流正接时，焊丝未端熔滴由于受到正离子的冲击，造成大颗粒金属飞溅，当采用直流反接时电子撞击熔滴，其极点压力大大减小，金属飞溅减少。因此二氧化碳气体保护焊必须采用直流反接进行焊接。

2. 减少飞溅的措施

（1）焊接电流

焊接电流过大，会使金属飞溅增加，并容易产生烧穿及气孔等缺陷，焊接电流太小，同样会产生较大的金属物飞溅，并且电弧不能连续燃烧，产生未焊透，焊缝表面形成不良。焊接电流的大小与送丝速度有关，送丝速度越快则焊接电流越大，反之则越小，焊接电流的大小，应根据焊件的厚度，焊丝直径进行调整。

（2）电弧长度与电弧电压

薄板全位置焊接时，要求热输入小。因此，必须采取小电流焊接，由于焊接电流小，作用在电弧上的电磁力也小，且电磁力方向向上，熔滴悬浮于焊丝的端部，有利于熔滴的长大但会是电弧不稳定。解决的办法就是保持较小的电弧长度。焊丝到工件距离即电弧的长度，电弧的长度是由电弧电压决定的，电弧电压是影响熔滴过渡、金属物飞溅、短路频率、电弧燃亮时间及焊宽度及熔深的重要因素。在小电流焊接时，电弧电压过高金属物飞溅将增多。因此电弧电压要控制在焊丝直径与板材厚度规定的范围之内。否则电弧将燃烧不稳定，并会引起大量的金属物飞溅和焊缝的力学性能降低。

任务实施

1. 焊前准备

① 焊件材质：Q235A。

② 焊件尺寸：12 mm×120 mm×300 mm，两块。

③ 坡口形式：V 形。

④ 装配间隙：2～3 mm。

⑤ 焊丝型号：ER50-6（实芯焊丝），ϕ1.2 mm。

⑥ 焊接设备型号：NB-350 型。

2. 焊件装配

① 清理坡口及坡口两侧各 20 mm 范围内的油污、铁锈及氧化物等，直至呈现金属光泽为止。

② 定位焊时在试件坡口内进行定位焊，焊点长度为 10～15 mm，厚度为 3～4 mm，必须焊透且无缺陷。其在两端应预先打磨成斜坡，以便接头。

3. 焊接工艺参数

低碳钢板 V 形坡口对接立焊焊接工艺参数见表 2 - 14。

表 2 - 14 低碳钢板 V 形坡口对接立焊焊接工艺参数

焊接层次	焊丝直径/mm	焊接电流/A	焊接电压/V	CO_2流量/（L/min）
打底层	1.2	120～150	19～22	12～15
填充层	1.2	130～150	20～23	12～15
盖面层	1.2	110～130	19～24	12～15

4. 操作要领

采用向上立焊方式进行三层三道焊，焊接位置如图 2 - 9 所示。焊前先检查焊件装配间隙及反变形是否合适，把焊件垂直固定好，间隙小的一端放在下面。

(1) 打底焊

按表 2-14 所示调节好打底焊的焊接参数后，在焊件下端定位焊上引弧，使电弧做锯齿形横向摆动，当电弧超过定位焊缝并形成熔孔时转入正常焊接。施焊时向上连弧法焊接。先在试板的始焊处起弧，焊丝在坡口两边之间做轻微的横向运动，焊丝与试板下部夹角为 80°左右，当焊到点固焊端头，边沿坡口熔化的铁水与焊丝熔滴在一起。听到“噗噗”声，形成第一个熔池，这时熔池上方形成深入每侧坡口钝边 1～2 mm 的熔孔，应稍加快焊速，焊丝立即做小月牙形摆动向上焊接。

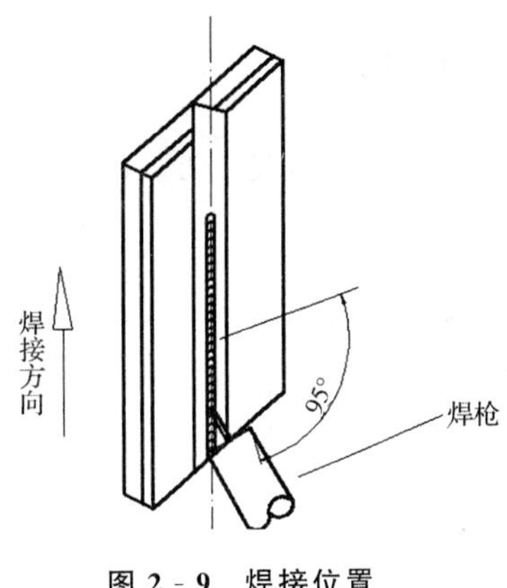

图 2-9　焊接位置

(2) 填充焊

调节好填冲焊焊接参数后自上而下焊接填充焊缝，注意焊前先清除打底焊道和坡口表面的飞溅及熔渣，并用角磨机将局部凸起的焊道磨平。

(3) 盖面焊

盖面焊的焊接与试板下部夹角以 75°左右为宜，焊丝应采用锯齿形运动为好。焊接速度均匀，熔池铁水应始终保持清晰明亮。同时焊丝摆动应压过坡口边缘 2 mm 处并稍做停顿，以免咬边，保证焊缝表面成形平直美观。

CO_2立爆操作要领是“一看，二听，三准”。“看”就是要注意观察熔池的状态和孔的大小。施焊过程中，熔池呈扇形其形状大小应保持一致。“听”就是注意听电弧击穿试板时发出的“噗”声，有这种声音表明试板背面焊穿透熔合良好。“准”就是将孔端点位置控制准确，焊丝中心要对准熔池前端与母材交界处，使每个新熔池压住前一个熔池，搭接二分之一左右，防止焊丝从坡口中穿出，使焊接不能正常进行。

熄弧的方法是先在熔池上方做一个熔孔，然后将电弧拉至任何一侧熄弧、接头的方法与手工电弧焊相似，在弧坑下方 10m 处破口内引弧，焊丝运动到弧坑根部时焊丝摆动，听到“噗噗”声后，立即恢复正常焊接。

任务小结

任务小结见表 2-15。

表 2-15　低碳钢板 V 形坡口对接立焊任务小结

注意事项	操作技巧
1. 焊前注意穿戴个人劳保用品，检查设备各接线处是否有松动现象；焊钳及电缆线是否有破损；防止漏电和接触不良现象 2. 焊接过程注意个人保护及提醒周围同学注意防范，以免电弧光灼伤眼睛	1. 调节焊机过程中，应该先调试好焊接电压，后调节焊接电流；注意，焊接电流与焊接电压不可一起调试 2. 引弧后，控制好焊丝离开焊件的速度与距离

任务评价

任务评价见表 2 - 16。

表 2 - 16 低碳钢板 V 形坡口对接立焊评分标准

班级　　　　　　姓名　　　　　　　　　　　　　　　　　年　　月　　日

考件名称	低碳钢板 V 形坡口对接立焊	时限	60 min	总分	
项目	考核技术要求	配分	评分标准		得分
焊前准备	各种设备、工具的安装使用	5	使用和安装方法不正确扣 1～5 分		
	焊接参数的选择	5	不正确不得分		
焊件尺寸外观质量	焊缝余高（h）$0\leqslant h\leqslant 3$ mm	8	每超差 1 mm 扣 2 分		
	焊缝余高差（h_1）$0\leqslant h_1\leqslant 2$ mm	5	每超差 1 mm 扣 1 分		
	焊缝宽度 10～12 mm	5	每超差 1 mm 扣 1 分		
	焊缝宽度差（c_1）$0\leqslant c_1\leqslant 2$ mm	5	每超差 1 mm 扣 1 分		
	焊缝边缘直线度误差≤3 mm	8	每超差 1 mm 扣 1 分		
	咬边缺陷深度 $F\leqslant 0.5$ mm；累计长度小于 30 mm	8	每超差 1 mm 扣 2 分，扣去 8 分为止		
	无夹渣	5	每出现一处缺陷扣 3 分		
	无未熔合	5	出现缺陷不得分		
	起头良好	5	处理不当不得分		
	无焊瘤	5	处理不当不得分		
	收尾处弧坑填满	5	处理不当不得分		
	无气孔	5	处理不当不得分		
	接头无脱节	5	每出现一处脱节扣 3 分		
	焊缝表面波纹细腻均匀，成形美观	6	根据成形酌情扣分		
安全文明生产	按照国家安全生产法规有关规定考核	5	视违反规定的程度扣 1～5 分		
时限	焊件必须在考核时间内完成	5	超时≤5 min 扣 2 分 超时<5～10 min 扣 5 分 超时 20 min 不及格		

任务 2.5　低碳钢板 V 形坡口对接横焊

工作任务

① 读懂图样（见图 2 - 10），合理选择焊接参数；

② 调节设备参数，控制运条速度，完成焊件焊接，保证焊缝质量；

③ 焊接的各项尺寸控制在偏差范围内。

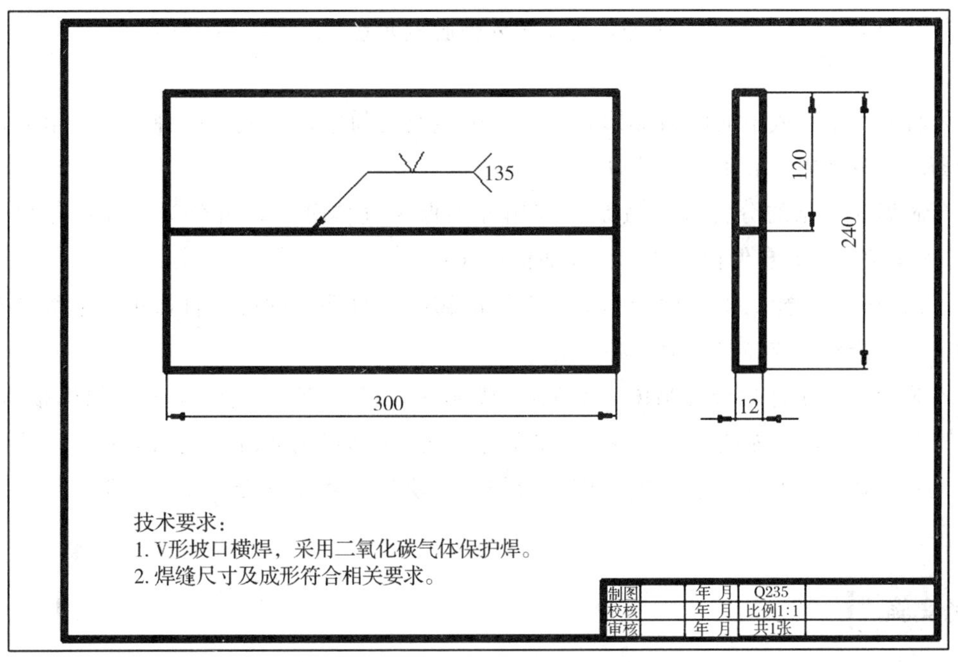

图 2 - 10　低碳钢板 V 形坡口对接横焊图样

任务目标

任务目标见表 2 - 17。

表 2 - 17　低碳钢板 V 形坡口对接横焊任务目标

知识目标	掌握 V 形坡口对接平焊的操作工艺，参数的设置及运条的方式
能力目标	能够正确熟练运用焊接设备对焊件进行平敷焊，保证焊缝质量
素质目标	提升学生解决问题的实际能力

相关知识

1. 实芯焊丝的分类及特点

(1) 气保护焊用焊丝

气保护焊时，焊丝作为填充金属，同时向焊缝中添加合金元素。根据焊接方法不同，气保护焊用焊丝分为 TG 焊接用焊丝、MG 焊接用焊丝、MAG 焊接用焊丝、CO_2 焊接用焊丝等。

(2) 自保护焊接用焊丝

此类焊丝焊接时无需焊剂或保护气体，它是利用焊丝中所含有的合金元素在焊接过程中进行脱氧、脱氮，以消除从空气中进入焊接熔池的氧和氮的不良影响。其特点是除提高焊丝中的 C，Si，Mn 含量外，还要加入强脱氧元意 Ti，Zr，Al，Ce 等。

2. 药芯焊丝

是将薄钢带卷成不同的截面形状，在其中填充药粉，拉制成的一种焊丝。填充的药称为药芯，其作用与焊条药皮类似。

药芯焊丝常见的分类方法按是否使用外加保护气体分类，可分为：气体保护焊丝（有外加保护气）和自保护焊丝（无外加保护气）。

气保护药芯焊丝的工艺性能和熔敷金属的韧性比自保护的好；自保护药芯焊具有抗风性，更适合外部或高层结构现场使用。

药芯焊丝可作为化极（MIG，MAG）或非嫁化极（TG）气体保护焊的焊接材料，CO_2气保护焊用药芯焊丝内含有特殊性能的造渣剂，底层焊接时不需充气保护，芯内粉剂会渗透到池背面，形成一层致密的熔渣保护层，使焊道背面不受氧化，冷却后该焊渣很易脱落。

任务实施

1. 焊前准备

① 焊件材质：Q235A。

② 焊件尺寸：12 mm×120 mm×300 mm，两块。

③ 坡口形式：V 形。

④ 装配间隙：2～3 mm。

⑤ 焊丝型号：ER50-6（实芯焊丝），ϕ1.2 mm。

⑥ 焊接设备型号：NB-350 型。

2. 焊件装配

① 清理坡口及坡口两侧各 20 mm 范围内的油污、铁锈及氧化物等，直至呈现金属光泽为止。

② 定位焊时在试件坡口内进行定位焊，焊点长度为 10～15 mm，厚度为 3～4 mm，

必须焊透且无缺陷。其在两端应预先打磨成斜坡，以便接头。

3. 焊接工艺参数

低碳钢板 V 形坡口对接横焊焊接工艺参数见表 2 - 18。

表 2 - 18　低碳钢板 V 形坡口对接横焊焊接工艺参数

焊接层次	焊丝直径/mm	焊接电流/A	焊接电压/V	CO_2 流量/（L/min）
打底层	1.2	120～150	19～22	12～15
填充层	1.2	130～150	20～23	12～15
盖面层	1.2	110～130	19～24	12～15

4. 操作要领

横焊时，熔池虽有下面母材支撑而较易操作，但焊道表面不易对称，所以焊接时，必须使熔池尽量小。同时采用多道焊的方法来调整焊道表面形状，最后获得较对称的焊缝外形。

横焊时采用左向焊法，三层六道，焊道分布如图 2 - 11 所示。将试板垂直固定在焊接夹具上，焊缝处于水平位置，间隙小的一端放于右侧。

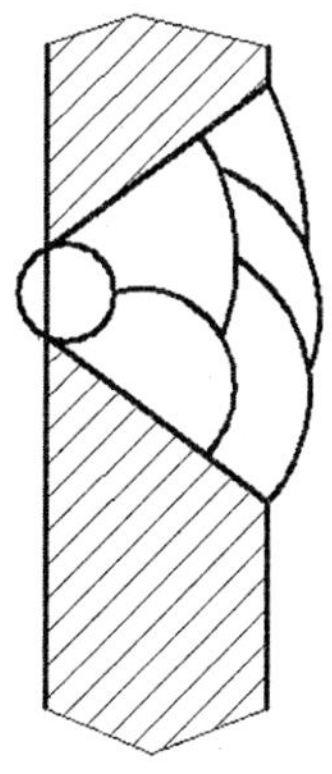

图 2 - 11　焊道分布图

（1）打底焊

采用左向焊法，在试件右端固定点引弧，喷嘴工作角 80°～90°，前进角 75°～80°，电弧长度约 2～3 mm，待固定点形成熔池后小锯齿摆动焊枪向左移动，至固定点末端电弧稍做停顿，击穿根部打开熔孔，使坡口上侧熔化 1 mm，稍做停顿后焊枪向左下侧摆动，坡口下侧熔化 0.5 mm，电弧在坡口下侧稍做停顿，使其熔合良好，电弧再向右上侧摆动，如此反复形成焊缝。电弧在上下两侧停顿，使焊缝和坡口两侧良好熔合，避免因焊缝中间温度过高熔池下坠，造成背面焊缝余高过大，焊缝正面中间凸起两侧形成沟槽。注意上侧停顿时间较长些，防止铁水下流。

正常焊接时，摆动幅度、前移尺寸大小要均匀，电弧的 2/3 在正面熔池，电弧的 1/3 通过间隙在坡口背面，用来击穿熔孔，保护背面熔池。

焊接过程中，注意观察并控制熔孔大小一致保持在 0.5～1 m。熔孔过大，则温度过高，正面或背面产生焊瘤，应加快焊接速度，尽量不要灭弧降温；没有熔孔，则背面没有熔合，应减缓前进步伐，放慢焊接速度，或调整增加焊接电流。

接头时与起焊时相同。但收弧时，一定要填满弧坑，否则易出现气孔、裂纹，如果出现必须打磨掉再焊。收尾时，焊至焊缝终点处压低电弧放慢焊接速度，注意观察熔池是否与末端点固点完全融合，背面是否击穿，然后平缓过渡至末端点固点，填满弧坑后停止焊接。

（2）填充焊

填充层为一层二道。用钢丝刷清理去除底层焊缝氧化皮。清理喷嘴内污物。第 1 道在试件右端引燃电弧，调整电弧长度并稍做停顿，预热试件端部，待形成熔池，开始焊接，焊枪角度与打底层基本相同，焊接速度稍慢，坡口下侧稍作停顿。电弧前移步伐大小，以焊缝厚度为准，约 2/3～1/2 熔池大小。观察熔池长大情况，以距棱边高 1～1.5 mm 为宜，以不破坏坡口棱边为好，为盖面层留作参考基准。

第 2 道，熔合第 1 道与前一层焊趾，焊枪对准第 1 道上焊趾，焊枪工作角 70°～80°，前进角 75°～85°，熔池覆盖第 1 道 1/3～1/2。并熔合上侧坡口壁。注意避免咬边缺陷。焊接过程注意观测熔池长大情况，保证焊缝与坡口内侧熔合良好，焊缝厚度距离坡口面以 0.5～1 mm 为宜。

（3）盖面层

盖面焊为一层三道，采用直推法小电流焊接。用钢丝刷清理填充层焊缝氧化皮，清理喷嘴内污物。

第 1 道，引燃电弧后焊枪对准前层下焊趾，焊枪工作角 75°～85°，前进角 75°～85°，焊缝熔合下棱边 0.5～1 mm。

第 2 道，熔合第 1 道与前一层焊趾，焊枪对准第 1 道上焊趾，焊枪工作角 70°～80°，前进角 75～85°，熔池覆盖第 1 道 1/3～1/2。

第 3 道，引燃电弧后熔合第 3 道和上坡口焊枪对准前层上焊趾，枪嘴工作角 70°～75° 前进角 70°～75°，熔池熔合第 3 道焊缝 1/3～1/2，熔合上棱边 0.5～1 mm。注意避免咬边缺陷。焊缝余高约 2.5 mm。

任务小结

任务小结见表 2-19。

表 2-19　低碳钢板 V 形坡口对接横焊任务小结

注意事项	操作技巧
1. 焊前注意穿戴个人劳保用品，检查设备各接线处是否有松动现象；焊钳及电缆线是否有破损；防止漏电和接触不良现象 2. 焊接过程注意个人保护及提醒周围同学注意防范，以免电弧光灼伤眼睛	1. 调节焊机过程中，应该先调试好焊接电压，后调节焊接电流；注意，焊接电流与焊接电压不可一起调试 2. 引弧后，控制好焊丝离开焊件的速度与距离

任务评价

任务评价见表 2 - 20。

表 2 - 20　低碳钢板 V 形坡口对接横焊评分标准

班级　　　　　　　　姓名　　　　　　　　　　　　　　　　　　年　　月　　日

考件名称	低碳钢板 V 形坡口对接立焊	时限	60 min	总分	
项目	考核技术要求	配分	评分标准		得分
焊前准备	各种设备、工具的安装使用	5	使用和安装方法不正确扣 1～5 分		
	焊接参数的选择	5	不正确不得分		
焊件尺寸外观质量	焊缝余高（h）$0 \leqslant h \leqslant 3$ mm	8	每超差 1 mm 扣 2 分		
	焊缝余高差（h_1）$0 \leqslant h_1 \leqslant 2$ mm	5	每超差 1 mm 扣 1 分		
	焊缝宽度 10～12mm	5	每超差 1 mm 扣 1 分		
	焊缝宽度差（c_1）$0 \leqslant c_1 \leqslant 2$ mm	5	每超差 1 mm 扣 1 分		
	焊缝边缘直线度误差≤3 mm	8	每超差 1 mm 扣 1 分		
	咬边缺陷深度 $F \leqslant 0.5$ mm；累计长度小于 30 mm	8	每超差 1 mm 扣 2 分，扣去 8 分为止		
	无夹渣	5	每出现一处缺陷扣 3 分		
	无未熔合	5	出现缺陷不得分		
	起头良好	5	处理不当不得分		
	无焊瘤	5	处理不当不得分		
	收尾处弧坑填满	5	处理不当不得分		
	无气孔	5	处理不当不得分		
	接头无脱节	5	每出现一处脱节扣 3 分		
	焊缝表面波纹细腻均匀，成形美观	6	根据成形酌情扣分		
安全文明生产	按照国家安全生产法规有关规定考核	5	视违反规定的程度扣 1～5 分		
时限	焊件必须在考核时间内完成	5	超时≤5 min 扣 2 分 超时<5～10 min 扣 5 分 超时 20 min 不及格		

项目三　手工钨极氩弧焊技能训练

任务 3.1　低碳钢板平敷焊

工作任务

① 读懂图样（见图 3 - 1），合理选择焊接参数；

② 调节设备参数，控制运条速度，完成焊件焊接，保证焊缝质量；

③ 焊接的各项尺寸控制在偏差范围内。

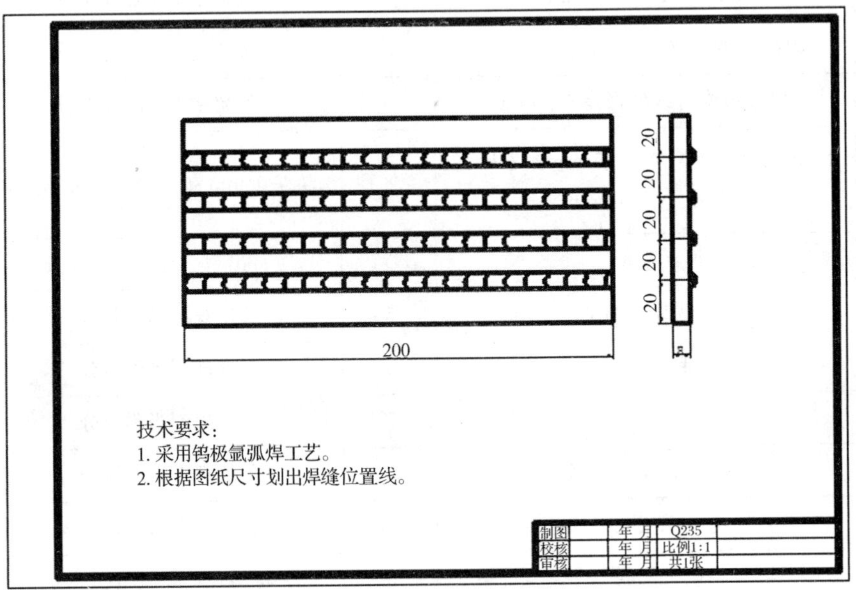

图 3 - 1　低碳钢板平敷焊图样

任务目标

任务目标见表 3 - 1。

表 3 - 1　低碳钢板平敷焊任务目标

知识目标	掌握钨极氩弧焊的操作工艺，工艺参数的设置及运条的方式
能力目标	能够正确熟练运用钨极氩弧焊设备对焊件进行平敷焊，保证焊缝质量
素质目标	提升学生解决问题的实际能力

相关知识

氩弧焊是以氩气作为保护气体的一种气体保护电弧焊方法。

1. 氩弧焊的过程

氩弧焊的焊接过程如图 3 - 2 所示。从焊枪喷嘴中喷出的氩气流，在焊接区形成厚而密的气体保护层而隔绝空气，同时，在电极（钨极或焊丝）与焊件之间燃烧产生的电弧热量使被焊处熔化，并填充焊丝将被焊金属连接在一起，获得牢固的焊接接头。

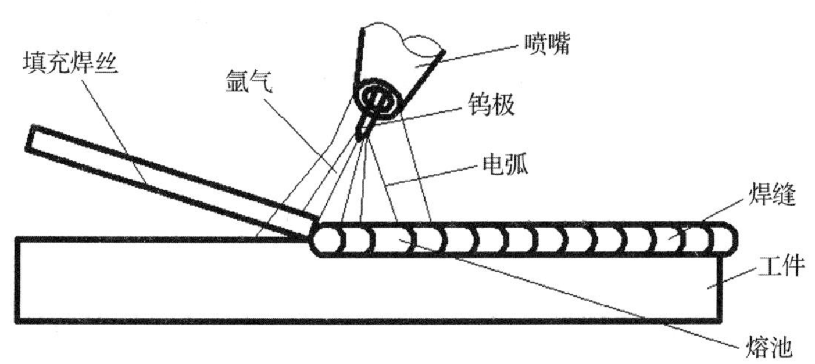

图 3 - 2 氩弧焊示意图

2. 氩弧焊的特点

（1）焊接质量较高

由于氩气是惰性气体，可在空气与焊件间形成稳定的隔绝层，保证高温下被焊金属中合金元素不会氧化烧损，同时氩气不溶解于液态金屑，故能有效地保护熔池金属，获得较高的焊接质量。

（2）焊接材料范围广

几乎所有的金属材料都可进行钨极氩弧焊。通常，多用于焊接不锈钢、铝、铜等有色金属及其合金，有时还用于焊接构件的打底焊。

（3）焊接应力与变形小

由于钨极氩弧焊热量集中，电弧受氩气流的冷却和压缩作用，使热影响区窄，焊接变形和应力小，特别适宜于薄件的焊接。

（4）操作技术易学

采用氩气保护无熔渣，且为明弧焊接，电弧、熔池可见性好，适合各种位置焊接，容易实现机械化和自动化。

3. 氩弧焊的分类和适用范围

氩弧焊根据所用的电极材料，可分为钨极（不熔化极）、氩弧焊（用 TIG 表示）和熔化极氩弧焊（用 MIG 表示）；按其操作方式可分为手工、半自动和自动氩弧焊；若在氩弧焊电源中加入脉冲装置又分可为钨极脉冲氩弧焊和熔化极脉冲氩弧焊。分类如图 3 - 3 所示。

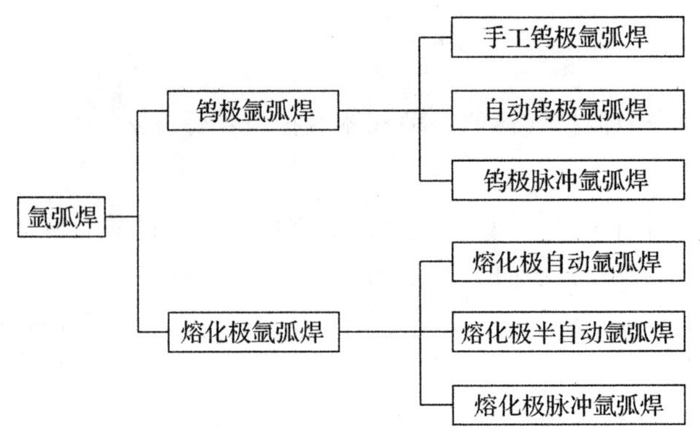

图 3 - 3　氩弧焊分类

任务实施

1. 焊前准备

① 焊件材质：Q235A。

② 焊件尺寸：8 mm×100 mm×200 mm。

③ 焊丝型号：ER50-6，直径 ϕ2.5 mm。

④ 保护气体：Ar 气体纯度要求达到 99.9%。

⑤ 焊接设备型号：WS-400 型。

2. 焊件准备

① 清理钢板表面的油污、铁锈及氧化物等，直至呈现金属光泽为止。

② 在焊件表面划出距离为 20 mm、长度为 200 mm 线段 5 条。

3. 焊接工艺参数

低碳钢板平敷焊焊接工艺参数见表 3 - 2。

表 3 - 2　低碳钢板平敷焊焊接工艺参数

焊接层次	焊丝直径/mm	钨极直径/mm	焊接电流/A	氩气流量/（L/min）
正面	2.5	2.4	80～100	7～10

4. 操作要领

（1）引弧

引弧将钨极端部磨成 25°～30°的圆锥形，按要求装好钨极。按焊接工艺参数表调好各项焊接参数。手工钨极氩弧焊的引弧方法有接触式和非接触式两种。当焊机本身具有引弧装置时，可采用非接触法引弧，借助高频振荡器，预预先将喷嘴斜靠在钢板表面，使钨极端部与母材表面相隔 2～3 mm，打开焊枪开关，电弧在高频作用下引燃。没有引弧装置时，应采用接触式引弧，借助引弧板引弧，钨极端部在引弧板表面轻轻划擦引弧，先对钢板表面预热，待钢板熔化形成熔池后，即可填充焊丝。

（2）送丝

电弧引燃后，要保持喷嘴到焊接处有一定距离并稍做停留，使母材上形成熔池后，再给送焊丝，焊接方向采用左焊法。焊枪与焊件表面成80°左右的夹角，填充焊丝与焊件表面以10°～15°为宜，如图3-4所示。

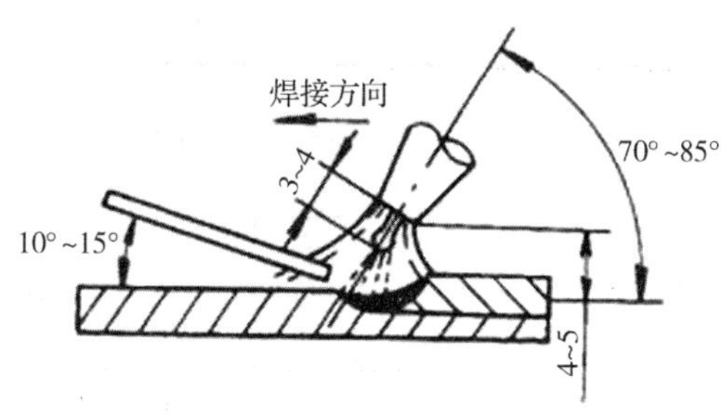

图3-4　焊枪与焊丝的相对位置

焊接过程中，焊丝的送进方法有两种，一种是左手捏住焊丝的远端，靠左臂移动送进：但送丝时易抖动，不推荐使用。另一种方法是以左手的拇指、食指捏住，并用中指和虎口配合托住焊丝下部（便于操作的部位）。需要送丝时，将捏住焊丝的拇指和食指伸直，即可将焊丝稳稳地送入焊接区，然后借助中指和虎门托住焊丝，迅速弯曲拇指、食指，向上倒换捏住焊丝，如此重复，直至焊完。填充焊丝时，焊丝的端头切勿与钨极接触，否则焊丝会被钨极沾染，熔入熔池后形成夹钨。焊丝送入熔池的落点应在熔池的前缘上，被熔化后，将焊丝移出熔池，然后再将焊丝重复地送入熔池。但是填充焊丝不能离开氩气保护区，以免灼热的焊丝端头被氧化，降低焊缝质量。

（3）收弧

收弧方法不正确，容易产生弧坑裂纹、气孔和烧穿等缺陷。因此，应采取衰减电流的方法，即电流自动由大到小地逐渐下降，以填满弧坑。一般氩弧焊机都配有电流自动衰减装置，收弧时，通过焊枪手把上的按钮断续送电来填满弧坑。若无电流衰减装置时，可采用手工操作收弧，其要领是逐渐减少焊件热量，如改变焊枪角度、稍拉长电弧、断续送电等。收弧时，填满弧坑后慢慢提起电弧直至灭弧，不要突然拉断电弧。

任务小结

任务小结见表3-3。

表3-3　低碳钢板平敷焊任务小结

注意事项	操作技巧
1. 焊前注意穿戴个人劳保用品，检查设备各接线处是否有松动现象；焊枪及电缆线是否有破损；防止漏电和接触不良现象 2. 焊接过程注意个人保护及提醒周围同学注意防范，以免电弧光灼伤眼睛	1. 引弧过程中，如果钨极与焊件粘在一起，应立即将钨极与焊件脱离，待钨极修磨后再焊接 2. 引弧后，控制好送丝速度，钨极与焊件距离

任务评价

任务评价见表 3 - 4。

表 3 - 4　低碳钢板平敷焊评分标准

班级　　　　　　姓名　　　　　　　　　　　　　　年　　月　　日

考件名称	低碳钢板平敷焊	时限	60 min	总分	
项目	考核技术要求	配分	评分标准		得分
焊前准备	各种设备、工具的安装使用	5	使用和安装方法不正确扣 1～5 分		
	焊接参数的选择	5	不正确不得分		
焊件尺寸外观质量	焊缝余高（h）$0 \leqslant h \leqslant 1$ mm	8	每超差 1 mm 扣 2 分		
	焊缝余高差（h_1）$0 \leqslant h_1 \leqslant 1$ mm	5	每超差 1 mm 扣 1 分		
	焊缝宽度 6～8 mm	5	每超差 1 mm 扣 1 分		
	焊缝宽度差（c_1）$0 \leqslant c_1 \leqslant 1$ mm	5	每超差 1 mm 扣 1 分		
	焊缝边缘直线度误差≤2 mm	8	每超差 1 mm 扣 1 分		
	咬边缺陷深度 $F \leqslant 0.5$ mm；累计长度小于 20 mm	8	每超差 1 mm 扣 2 分，扣去 8 分为止		
	无夹钨	5	每出现一处缺陷扣 3 分		
	无未熔合	5	出现缺陷不得分		
	起头良好	5	处理不当不得分		
	无焊瘤	5	处理不当不得分		
	收尾处弧坑填满	5	处理不当不得分		
	无气孔	5	处理不当不得分		
	接头无脱节	5	每出现一处脱节扣 3 分		
	焊缝表面波纹细腻均匀，成形美观	6	根据成形酌情扣分		
安全文明生产	按照国家安全生产法规有关规定考核	5	视违反规定的程度扣 1～5 分		
时限	焊件必须在考核时间内完成	5	超时≤5 min 扣 2 分 超时<5～10 min 扣 5 分 超时 20 min 不及格		

任务3.2 低碳钢板I形坡口对接平焊

工作任务

① 读懂图样（见图3-5），合理选择焊接参数；
② 调节设备参数，控制运条速度，完成焊件焊接，保证焊缝质量；
③ 焊接的各项尺寸控制在偏差范围内。

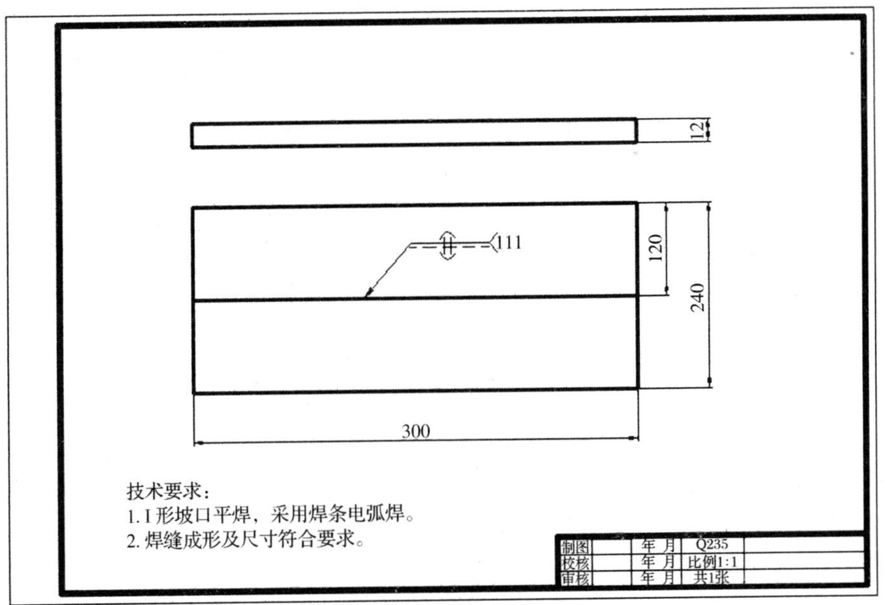

图3-5 低碳钢板I形坡口对接平焊图样

任务目标

任务目标见表3-5。

表3-5 低碳钢板I形坡口对接平焊任务目标

知识目标	掌握钨氩弧焊的操作工艺，工艺参数的设置及运条的方式
能力目标	能够正确熟练运用钨极氩弧焊设备对焊件进行平板对接焊，保证焊缝质量
素质目标	提升学生解决问题的实际能力

相关知识

1. 氩气

氩气是一种理想的保护气体，一般是将空气液化后采用分馏法制取，是制氧过程中的副产品。氩气的密度大，可形成稳定的气流层，覆盖在熔池周围，对焊接区有良好的保护作用。

氩气是惰性气体，在常温下不与其他物质发生化学反应，高温时也不溶于液态金属中，故有利于有色金属的焊接。氩弧焊对氩气的纯度要求很高，按我国现行标准规定，其纯度应达到99.99%。

焊接用氩气以瓶装供应，其外表涂成灰色，并且注有绿色“氩气”字样。氩气瓶的容积一般为40 L，在温度20 ℃时的满瓶压力为14.7 MPa。

2. 钨极材料

钨极氩弧焊对钨极材料的要求是：耐高温、电流容量大、施焊损耗小，还应具有很强的电子发射能力，从而保证引弧容易、电弧稳定。

钨极的熔点高达3410 ℃，适合作为不熔化电极，常用的钨极材料有纯钨极、钍钨极和铈钨极。

（1）纯钨极

其牌号是W1，W2，纯度99.85%以上。纯钨极要求焊机空载电压较高，使用交流电时，承载电流能力较差，故目前很少采用。

（2）钍钨极

其牌号是WTh-10、WTh-15，是在纯钨中加入1%～2%的氧化钍（ThO_2）而成。钍钨极电子发射串提高，增大了许用电流范围，降低了空载电压，改善引弧和稳弧性能，但是具有微量放射性。

（3）铈钨极

其牌号是WCe-20，是在纯钨中加入2%的氧化铈（CeO）而成。铈钨极比钍钨极更容易引弧，烧损率比后者低5%～50%，使用寿命长，放射性极低，是目前推荐使用的电极材料。

钨极的规格按长度范围供给，在76～610 mm之间；常用的钨极直径为0.5，1.0，1.6，2.0，2.5，3.2，4.0，5.0，6.3，8.0，10 mm多种。

钨极端部的质量对焊接电弧稳定性及焊缝成形有很大的影响，因此使用前对钨极端部应进行磨削。使用交流电时，钨极端部应磨成球形，以减小极性变化对电极的损耗；使用直流电时，因多采用直流正接，为使电弧集中燃烧稳定，钨极端部多磨成圆台形；用小电流施焊时，可以磨成圆锥形。如图3-6所示。

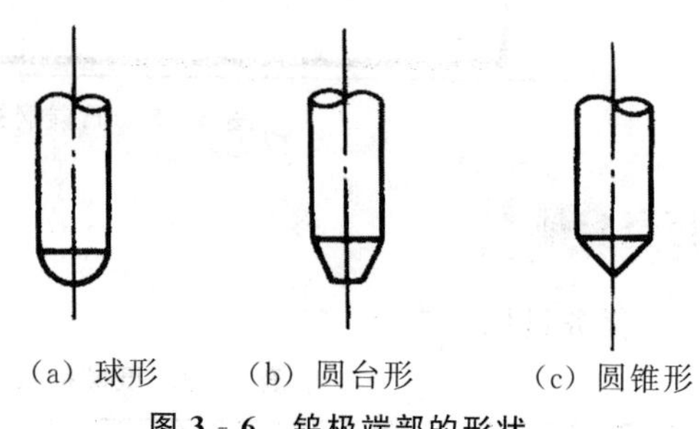

图3-6 钨极端部的形状

磨削钨极时，应采用密封式或抽风式砂轮机，焊工应带口罩。磨削完毕，应洗净手脸。

任务实施

1. 焊前准备

① 焊件材质：Q235A。

② 焊件尺寸：5 mm×120 mm×200 mm。

③ 焊丝型号：ER50-6，ϕ2.5 mm。

④ 保护气体：Ar气体纯度要求达到99.9%。

⑤ 焊接设备型号：WS-400 型。

2. 焊件准备

① 清理钢板坡口和两侧表面各 20 mm 范围内的油污、铁锈及氧化物等，直至呈现金属光泽为止。

② 定位焊时焊接工件两端，待焊件边缘熔化形成熔池后再加焊丝，定位焊焊缝宽度小于最终焊缝宽度。定位焊也可以不加焊丝，直接利用母材的熔合进行定位。

3. 焊接工艺参数

低碳钢板 I 形坡口对接平焊焊接工艺参数见表 3 - 6。

表 3 - 6　低碳钢板 I 形坡口对接平焊焊接工艺参数

焊接层次	焊丝直径/mm	钨极直径/mm	焊接电流/A	氩气流量/（L/min）
正面	2.5	2.4	80～100	7～10
背面	2.5	2.4	90～110	7～10

4. 操作要领

（1）正面焊

采用左焊法。将稳定燃烧的电弧拉向定位焊缝的边缘，用焊丝迅速触及焊接部位进行试探，当感到部位变软开始熔化时，立即填加焊丝。一般采用断续点滴填充法，即焊丝端部在氩气保护区内，向熔池边缘以滴状焊丝的填充反复加入，焊枪向前做微微摆动。

（2）收弧和接头

一根焊丝用完后，焊枪暂不抬起，按下电流衰减开关，左手迅速更换焊丝，将焊丝端头置于熔池边缘后，启动正常焊接电流继续进行焊接。若条件不允许，则应先使用衰减电流，停止送丝，等待熔池缩小且凝固后再移开焊枪。进行接头时，采用始焊时相同的方法引弧，然后将电弧拉至收弧处，压低电弧直接击穿接口根部，形成新的熔池后再填丝焊接。

（3）背面焊

盖背面层焊接要相应加大焊接电流，并要选择比打底焊时稍大些的钨极直径及焊丝。操作时，焊丝与焊件间的角度尽量减小，送丝速度相对快些，并且连续均匀。焊枪做小锯齿形横向摆动，其幅度比打底焊时稍大，在接口两侧稍做停留，熔池超过接口棱边 0.5～1 mm，根据焊缝的余高决定填丝速度，保证熔合良好，焊缝均匀平整。

任务小结

任务小结见表 3 - 7。

表 3 - 7　低碳钢板 I 形坡口对接平焊任务小结

注意事项	操作技巧
1. 焊前注意穿戴个人劳保用品，检查设备各接线处是否有松动现象；焊枪及电缆线是否有破损；防止漏电和接触不良现象 2. 焊接过程注意个人保护及提醒周围同学注意防范，以免电弧光灼伤眼睛	1. 选用合理焊接参数，焊丝送入熔池要平稳，焊枪移动要平稳、速度一致 2. 焊接时焊枪可做锯齿形横向摆动，在熔池两侧停留，保证熔合良好

任务评价

任务评价见表 3 - 8。

表 3 - 8 低碳钢板 I 形坡口对接平焊评分标准

班级　　　　　　　　姓名　　　　　　　　　　　　　　　　　　年　　月　　日

<table>
<tr><td>考件名称</td><td>低碳钢板平敷焊</td><td>时限</td><td>60 min</td><td>总分</td><td></td></tr>
<tr><td>项目</td><td>考核技术要求</td><td>配分</td><td colspan="2">评分标准</td><td>得分</td></tr>
<tr><td rowspan="2">焊前准备</td><td>各种设备、工具的安装使用</td><td>5</td><td colspan="2">使用和安装方法不正确扣 1～5 分</td><td></td></tr>
<tr><td>焊接参数的选择</td><td>5</td><td colspan="2">不正确不得分</td><td></td></tr>
<tr><td rowspan="14">焊件尺寸外观质量</td><td>焊缝余高（h）$0 \leqslant h \leqslant 2$ mm</td><td>8</td><td colspan="2">每超差 1 mm 扣 2 分</td><td></td></tr>
<tr><td>焊缝余高差（h_1）$0 \leqslant h_1 \leqslant 2$ mm</td><td>5</td><td colspan="2">每超差 1 mm 扣 1 分</td><td></td></tr>
<tr><td>焊缝宽度 8～10 mm</td><td>5</td><td colspan="2">每超差 1 mm 扣 1 分</td><td></td></tr>
<tr><td>焊缝宽度差（c_1）$0 \leqslant c_1 \leqslant 1$ mm</td><td>5</td><td colspan="2">每超差 1 mm 扣 1 分</td><td></td></tr>
<tr><td>焊缝边缘直线度误差 $\leqslant 2$ mm</td><td>8</td><td colspan="2">每超差 1 mm 扣 1 分</td><td></td></tr>
<tr><td>咬边缺陷深度 $F \leqslant 0.5$ mm；累计长度小于 20 mm</td><td>8</td><td colspan="2">每超差 1 mm 扣 2 分，扣去 8 分为止</td><td></td></tr>
<tr><td>无夹钨</td><td>5</td><td colspan="2">每出现一处缺陷扣 3 分</td><td></td></tr>
<tr><td>无未熔合</td><td>5</td><td colspan="2">出现缺陷不得分</td><td></td></tr>
<tr><td>起头良好</td><td>5</td><td colspan="2">处理不当不得分</td><td></td></tr>
<tr><td>无焊瘤</td><td>5</td><td colspan="2">处理不当不得分</td><td></td></tr>
<tr><td>收尾处弧坑填满</td><td>5</td><td colspan="2">处理不当不得分</td><td></td></tr>
<tr><td>无气孔</td><td>5</td><td colspan="2">处理不当不得分</td><td></td></tr>
<tr><td>接头无脱节</td><td>5</td><td colspan="2">每出现一处脱节扣 3 分</td><td></td></tr>
<tr><td>焊缝表面波纹细腻均匀，成形美观</td><td>6</td><td colspan="2">根据成形酌情扣分</td><td></td></tr>
<tr><td>安全文明生产</td><td>按照国家安全生产法规有关规定考核</td><td>5</td><td colspan="2">视违反规定的程度扣 1～5 分</td><td></td></tr>
<tr><td>时限</td><td>焊件必须在考核时间内完成</td><td>5</td><td colspan="2">超时＜5min 扣 2 分
超时＜5～10min 扣 5 分
超时 20min 不及格</td><td></td></tr>
</table>

任务 3.3　低碳钢板 V 形坡口对接平焊

工作任务

(1) 读懂图样（见图 3 - 7），合理选择焊接参数；

(2) 调节设备参数，控制运条速度，完成焊件焊接，保证焊缝质量；

(3) 焊接的各项尺寸控制在偏差范围内。

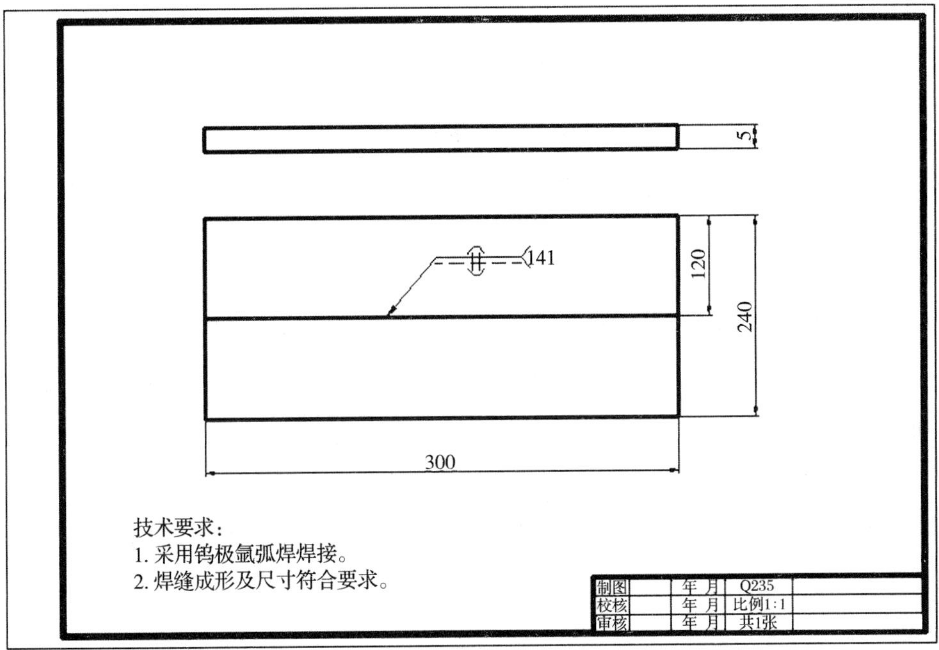

图 3 - 7　低碳钢板 V 形坡口对接平焊图样

任务目标

任务目标见表 3 - 9。

表 3 - 9　低碳钢板 V 形坡口对接平焊任务目标

知识目标	掌握钨氩弧焊的操作工艺，工艺参数的设置及运条的方式
能力目标	能够正确熟练运用钨极氩弧焊设备对焊件进行 V 形坡口对接平焊，保证焊缝质量
素质目标	提升学生解决问题的实际能力

相关知识

手工钨极氩弧焊的主要工艺参数有钨极直径、焊接电流、电弧电压、焊接速度、氩气流量、喷嘴直径、喷嘴与焊件间的距离、钨极伸出长度等。

1. 钨极直径与焊接电流

通常根据焊件的材质、厚度来选择焊接电流。钨极直径应根据焊接电流大小而定。如果钨极粗而焊接电流小，钨极端部温度不够，电弧会在钨极端部不规则地飘移，电弧不稳定；如果焊接电流超过钨极相应直径的许用电流时，钨极端部温度达到或超过钨极的熔点，会出现钨极端部熔化现象，甚至产生夹钨缺陷。只有钨极直径与焊接电流选择匹配时，电弧才稳定燃烧。

2. 电弧电压

电弧电压主要由弧长决定。电弧长度增加，容易产生未焊透的缺陷，并使氩气保护效果变差，因此应在电弧不短路的情况下，尽量控制电弧长度，一般弧长近似等于钨极直径。

3. 焊接速度

焊接速度通常是由焊工根据熔池的大小、形状和焊件熔合情况随时调节。过快的焊接速度会破坏气体保护氛围，焊缝容易产生未焊透和气孔；焊接速度太慢时，焊缝容易烧穿和咬边。

4. 氩气流量与喷嘴直径

喷嘴直径的大小，直接影响保护区的范围，一般根据钨极直径来选择。可按下列经验公式确定：

$$D=2d+4$$

式中：D——喷嘴直径，mm；

d——钨极直径，mm。

通常焊枪选定之后，喷嘴直径很少改变，而是通过调整氩气流量来加强气体保护效果。流量合适时，熔池平稳，表面明亮无渣，无氧化痕迹，焊缝成形美观；流量不合适，熔池表面有渣，焊缝表面发黑或有氧化皮。

氩气的合适流量可按下式计算：

$$Q_v=(0.8\sim1.2)D$$

式中：Q_v——氩气流量，L/min；

D——喷嘴直径，mm。

当 D 较小时，Q_v取下限；D 较大时，Q_v取上限。

5. 喷嘴与焊件间的距离

喷嘴与焊件间的距离以 8～14 mm 为宜。距离过大，气体保护效果差；若距离过小，虽对气体保护有利．但能观察的范围和保护区域变小。

6. 钨极伸出长度

为了防止电弧热烧坏喷嘴，钨极端部应突出喷嘴以外，其伸出长度一般为 3～4 mm。伸出长度过小，焊工不便于观察熔化状况，对操作不利；伸出长度过大，气体保护效果会受到一定的影响。

任务实施

1. 焊前准备

① 焊件材质：Q235A。

② 焊件尺寸：6 mm×120 mm×300 mm。

③ 焊丝型号：ER50-6，ϕ2.5 mm。

④ 保护气体：Ar 气体纯度要求达到 99.9%。

⑤ 焊接设备型号：WS-400 型。

2. 焊件装配

① 清理钢板坡口和两侧表面各 20 mm 范围内的油污、铁锈及氧化物等，直至呈现金属光泽为止。

② 装配间隙为 2～2.5 mm，错边量≤0.5 mm。

③ 在试件两端坡口内进行定位焊，焊缝长度为 10～15 mm，将焊缝接头预先打磨成斜坡。

3. 焊接工艺参数

低碳钢板 V 形坡口对接平焊焊接工艺参数见表 3 - 10。

表 3 - 10 低碳钢板 V 形坡口对接平焊焊接工艺参数

焊接层次	焊丝直径/mm	钨极直径/mm	焊接电流/A	氩气流量/（L/min）
打底层	2.5	2.4	80～100	8～10
填充层	2.5	2.4	90～100	8～10
盖面层	2.5	2.4	100～110	8～10

4. 操作要领

(1) 打底焊

打底焊手工钨极氩弧焊通常采用左向焊法，故将试件装配间隙大端放在左侧。引弧在试件右端定位焊缝上引弧，引弧时采用较长的电弧（弧长约为 4～7 mm），焊接引弧后预热引弧处，当定位焊缝左端形成熔池并出现熔孔后开始送丝。焊接打底层时，采用较小的焊枪倾角和较小的焊接电流。焊丝送入要均匀，焊枪移动要平稳、速度一致。焊接时，要密切注意焊接熔池的变化，随时调节有关工艺参数，保证背面焊缝成形良好。当更换焊丝或暂停焊接时，需要接头。这时松开焊枪上按钮开关，停止送丝，借焊机电流衰减熄弧，但焊枪仍需对准熔池进行保护，待其完全冷却后方能移开焊枪。当焊至试件末端时，应减小焊枪与试件夹角，使热量集中在焊丝上，加大焊丝熔化量以填满弧坑。

(2) 填充焊

进行填充层焊接时，其操作与打底层相同。焊接时焊枪可作锯齿形横向摆动，其幅度应稍大，并在坡口两侧停留，保证坡口两侧熔合好，焊道均匀。从试件右端开始焊接，注意熔池两侧熔合情况保证焊缝表面平整且稍下凹。填充层的焊道焊完后应比焊件表面低 1.0～1.5 mm，以免坡口边缘熔化导致盖面层产生咬边或焊偏现象，焊完后将焊道表面清理干净。

(3) 盖面焊

进行盖面层焊接时，其操作与填充层基本相同，但要加大焊枪的摆动幅度，保证熔池两侧超过坡口边缘 0.5～1 mm，并按焊缝余高决定填丝速度与焊接速度，尽可能保持焊缝速度均匀，熄弧时必须填满弧坑。

任务小结

任务小结见表 3 - 11。

表 3 - 11 低碳钢板 V 形坡口对接平焊任务小结

注意事项	操作技巧
1. 焊前注意穿戴个人劳保用品，检查设备各接线处是否有松动现象；焊枪及电缆线是否有破损；防止漏电和接触不良现象 2. 焊接过程注意个人保护及提醒周围同学注意防范，以免电弧光灼伤眼睛	1. 选用合理焊接参数，焊丝送入熔池要平稳，焊枪移动要平稳、速度一致 2. 焊接时焊枪可做锯齿形横向摆动，其幅度应稍大，并在坡口两侧停留，保证熔合良好

任务评价

任务评价见表 3 - 12。

表 3 - 12　低碳钢板 V 形坡口对接平焊评分标准

班级　　　　　　　姓名　　　　　　　　　　　　　　　　年　　月　　日

考件名称	低碳钢板 V 形坡口对接平焊	时限	60 min	总分	
项目	考核技术要求	配分	评分标准		得分
焊前准备	各种设备、工具的安装使用	5	使用和安装方法不正确扣 1～5 分		
	焊接参数的选择	5	不正确不得分		
焊件尺寸外观质量	焊缝余高（h）$0\leqslant h\leqslant 1$ mm	8	每超差 1 mm 扣 2 分		
	焊缝余高差（h_1）$0\leqslant h_1\leqslant 1$ mm	5	每超差 1 mm 扣 1 分		
	焊缝宽度 8～10 mm	5	每超差 1 mm 扣 1 分		
	焊缝宽度差（c_1）$0\leqslant c_1\leqslant 1$ mm	5	每超差 1 mm 扣 1 分		
	焊缝边缘直线度误差≤2 mm	8	每超差 1 mm 扣 1 分		
	咬边缺陷深度 $F\leqslant 0.5$ mm；累计长度小于 20 mm	8	每超差 1 mm 扣 2 分，扣去 8 分为止		
	无夹钨	5	每出现一处缺陷扣 3 分		
	无未熔合	5	出现缺陷不得分		
	起头良好	5	处理不当不得分		
	无焊瘤	5	处理不当不得分		
	收尾处弧坑填满	5	处理不当不得分		
	无气孔	5	处理不当不得分		
	接头无脱节	5	每出现一处脱节扣 3 分		
	焊缝表面波纹细腻均匀，成形美观	6	根据成形酌情扣分		
安全文明生产	按照国家安全生产法规有关规定考核	5	视违反规定的程度扣 1～5 分		
时限	焊件必须在考核时间内完成	5	超时≤5 min 扣 2 分 超时＜5～10 min 扣 5 分 超时 20 min 不及格		

任务 3.4　低碳钢板 V 形坡口对接立焊

工作任务

（1）读懂图样（见图 3-8），合理选择焊接参数；

（2）调节设备参数，控制运条速度，完成焊件焊接，保证焊缝质量；

（3）焊接的各项尺寸控制在偏差范围内。

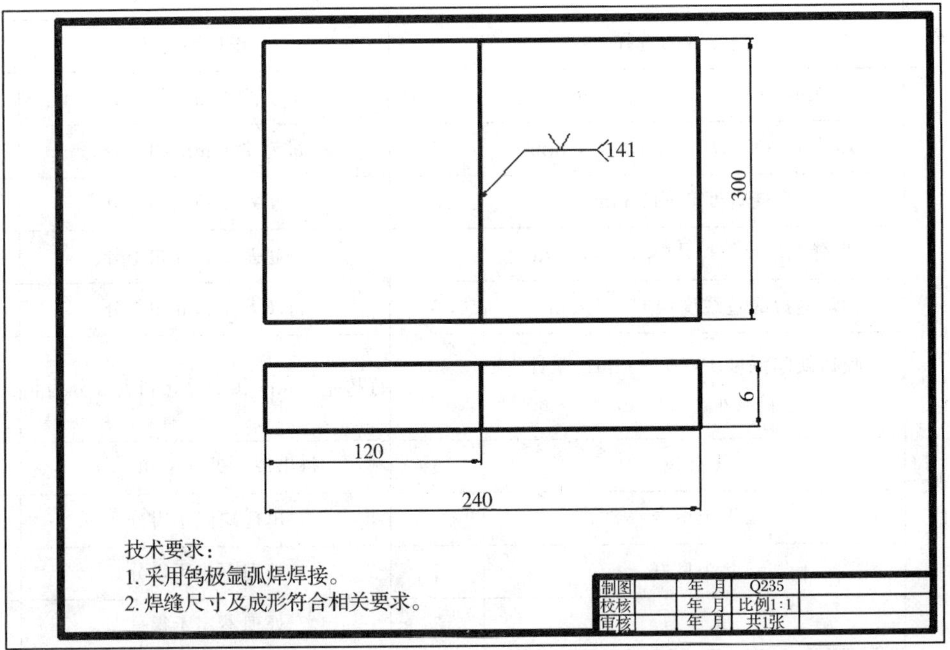

图 3-8　低碳钢板 V 形坡口对接立焊图样

任务目标

任务目标见表 3-13。

表 3-13　低碳钢板 V 形坡口对接立焊任务目标

知识目标	掌握钨氩弧焊的操作工艺，工艺参数的设置及运条的方式
能力目标	能够正确熟练运用钨极氩弧焊设备对焊件进行 V 形坡口对接立焊，保证焊缝质量
素质目标	提升学生解决问题的实际能力

相关知识

钨极氩弧焊机一般用于厚度 6～8 mm 焊件的焊接，典型的通用钨极氩弧焊机有 NSA-500-I 型、NSA2-300-1 型、NSA4-300 型、NZAl8-500 型等。现以 NSA-500-1 型手工钨极氩弧焊机为例介绍其组成及功能。

NSA-500-1 型手工钨极氩弧焊机外部接线如图 3 - 9 所示，主要由焊接电源、控制箱、焊枪、供气及冷却系统等部分组成。

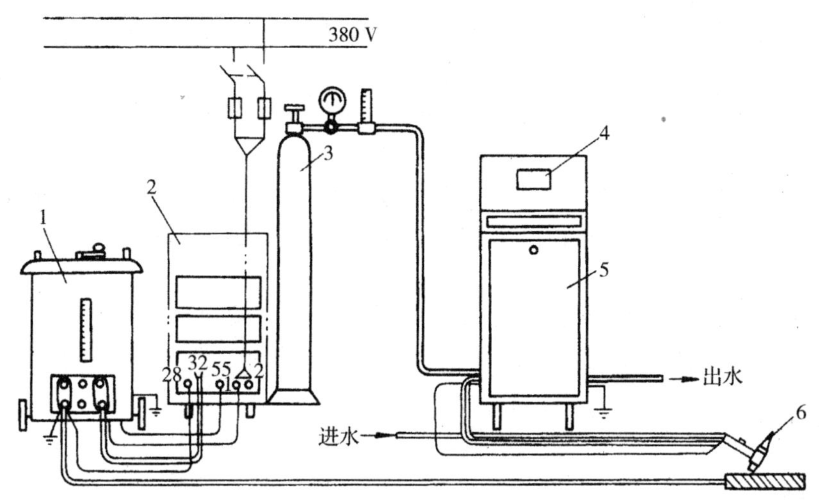

图 3 - 9 NSA-500-1 型手工钨极氩弧焊机外部接线图

1——焊接变压器；2——控制箱；3——氩气瓶；4——电流表；5——控制箱；6——焊枪

1. 焊接电源

采用具有陡降外特性的 BX3-1-500 型动圈式弧焊变压器作为焊接电源。钨极氩弧焊的电弧静特性曲线是水平的，故选用陡降外特性的焊接电源，可在电弧长度受到干扰变化时，焊接电流的变化较小，电弧燃烧稳定，如图 3 - 10 所示。

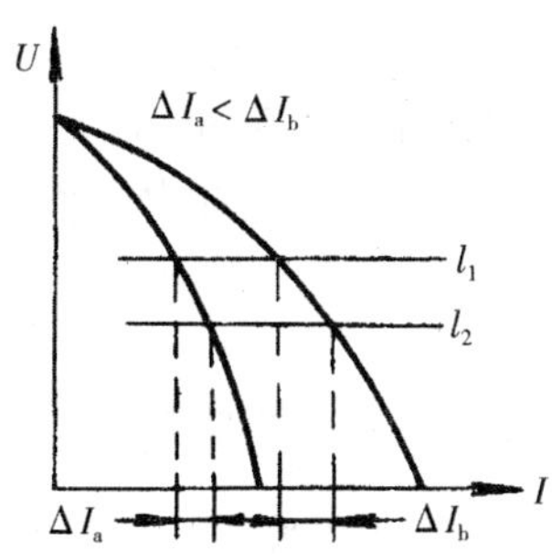

ΔI_a 表示电流变化量小　ΔI_b 表示电流变化量大

图 3 - 10 钨极氩弧焊电源外特性与电弧静特性的关系

2. 控制箱

控制箱内装有脉冲引弧器（也是一种引弧装置，可以避免因高频高压而击穿线路中的元件)、脉冲稳弧器和消除直流分量的电容等元件。

3. 供气系统

供气系统包括氩气瓶、氩气流量调节器及电磁气阀等。

(1) 氩气瓶

焊接用氩气以瓶装供应，其外表涂成灰色，并且注有绿色“氩气”字样。氩气瓶表面均刻有 TP xxx，WPxxx，质量及生产日期等参数，其中 TP 是指“水压试验压力”，WP 是指“公称工作压力”。氩气瓶的容积一般为 40 L，在温度 20 ℃时的满瓶压力为 14.7 MPa。

(2) 氩气流量调节器

它不仅能起到降压和稳压的作用，而且可方便地调节氩气流量。

(3) 电磁气阀

电磁气阀是开闭气路的装置，由延时继电器控制，可起到提前供气和滞后停气的作用。

4. 冷却系统

用来冷却焊接电缆、焊枪和钨极。如果焊接电流小于 150 A，可以不用水冷却。使用的焊接电流超过 150 A 时，必须通水冷却，并以水压开关进行控制。

5. 焊枪

焊枪主要由枪体、钨极夹头、进气管、电缆、喷嘴、按钮开关等组成。焊枪的作用是传导电流、夹持钨极、输送氩气。

任务实施

1. 焊前准备

① 焊件材质：Q235A。

② 焊件尺寸：6 mm×120 mm×300 mm。

③ 焊丝型号：ER50-6，ϕ2.5 mm。

④ 保护气体：Ar 气体纯度要求达到 99.9%。

⑤ 焊接设备型号：WS-400 型。

2. 焊件装配

① 清理钢板坡口和两侧表面各 20 mm 范围内的油污、铁锈及氧化物等，直至呈现金属光泽为止。

② 装配间隙为 2～2.5 mm，错边量≤0.5 mm。

③ 在试件两端坡口内进行定位焊，焊缝长度为 10～15 mm，将焊缝接头预先打磨成斜坡。

3. 焊接工艺参数

低碳钢板 V 形坡口对接立焊焊接工艺参数见表 3 - 14。

表 3 - 14　低碳钢板 V 形坡口对接立焊焊接工艺参数

焊接层次	焊丝直径/mm	钨极直径/mm	焊接电流/A	氩气流量/（L/min）
打底层	2.5	2.4	70～90	8～10
填充层	2.5	2.4	80～90	8～10
盖面层	2.5	2.4	80～90	8～10

4. 操作要领

(1) 打底焊

打底焊在工件最下端的定位焊缝上引弧，先不加丝，待定位焊缝开始熔化，形成熔池和熔孔后，开始填丝向上焊接，焊枪做上凹的月牙形运动，在坡口两侧稍停留，保证两侧熔合好，具体焊接操作如图 3 - 11 和图 3 - 12 所示。应注意焊枪向上移动的速度要合适，特别要控制好熔池的形状，保持熔池外池接近椭圆形，不能凸出来，否则焊道外凸成形不好。尽可能让已焊好的焊道托住熔池，使熔池表面接近像一个水平面匀速上升，这样焊缝外观较平整。

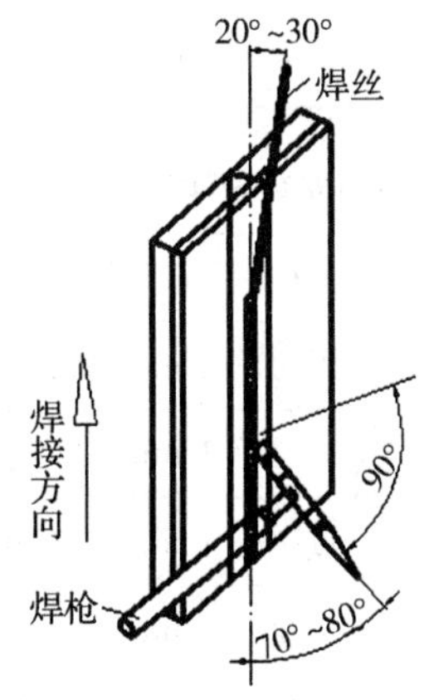

图 3 - 11 焊枪角度与焊丝位置

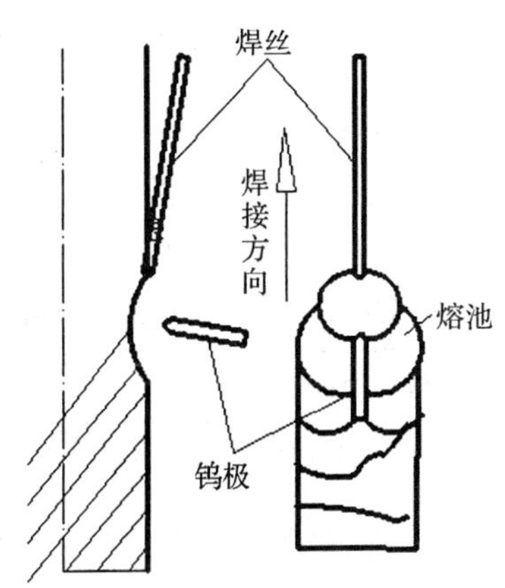

图 3 - 12 填丝位置

(2) 填充焊

焊枪摆动幅度稍大，保证两侧熔合好，焊道表面平整，焊接步骤、焊枪角度、填丝位置与打底焊相同。

(3) 盖面焊

除焊枪摆动幅度较大外，其余都与打底焊相同。填充盖面前，最好能将先焊好的焊道表面凸起处磨平。

任务小结

任务小结见表 3 - 15。

表 3 - 15 低碳钢板 V 形坡口对接立焊任务小结

注意事项	操作技巧
1. 焊前注意穿戴个人劳保用品，检查设备各接线处是否有松动现象；焊枪及电缆线是否有破损；防止漏电和接触不良现象 2. 焊接过程注意个人保护及提醒周围同学注意防范，以免电弧光灼伤眼睛	1. 选用合理焊接参数，焊丝送入熔池要平稳，焊枪移动要平稳、速度一致 2. 注意焊枪向上移动的速度要合适，特别要控制好熔池的形状，保持熔池外池接近椭圆形，不能凸出来

任务评价

任务评价见表 3 - 16。

表 3 - 16 低碳钢板 V 形坡口对接立焊评分标准

班级　　　　　　　　姓名　　　　　　　　　　　　　　　　　　　　　　　年　　月　　日

考件名称	低碳钢板 V 形坡口对接立焊	时限	60 min	总分	
项目	考核技术要求	配分	评分标准		得分
焊前准备	各种设备、工具的安装使用	5	使用和安装方法不正确扣 1～5 分		
	焊接参数的选择	5	不正确不得分		
焊件尺寸外观质量	焊缝余高（h）$0 \leqslant h \leqslant 1$ mm	8	每超差 1 mm 扣 2 分		
	焊缝余高差（h_1）$0 \leqslant h_1 \leqslant 1$ mm	5	每超差 1 mm 扣 1 分		
	焊缝宽度 8～10 mm	5	每超差 1 mm 扣 1 分		
	焊缝宽度差（c_1）$0 \leqslant c_1 \leqslant 1$ mm	5	每超差 1 mm 扣 1 分		
	焊缝边缘直线度误差≤2 mm	8	每超差 1 mm 扣 1 分		
	咬边缺陷深度 $F \leqslant 0.5$ mm；累计长度小于 20 mm	8	每超差 1 mm 扣 2 分，扣去 8 分为止		
	无夹钨	5	每出现一处缺陷扣 3 分		
	无未熔合	5	出现缺陷不得分		
	起头良好	5	处理不当不得分		
	无焊瘤	5	处理不当不得分		
	收尾处弧坑填满	5	处理不当不得分		
	无气孔	5	处理不当不得分		
	接头无脱节	5	每出现一处脱节扣 3 分		
	焊缝表面波纹细腻均匀，成形美观	6	根据成形酌情扣分		
安全文明生产	按照国家安全生产法规有关规定考核	5	视违反规定的程度扣 1～5 分		
时限	焊件必须在考核时间内完成	5	超时≤5 min 扣 2 分 超时＜5～10 min 扣 5 分 超时 20 min 不及格		

任务 3.5　低碳钢 V 形坡口水平固定管焊

工作任务

① 读懂图样（见图 3 - 13），合理选择焊接参数；

② 调节设备参数，控制运条速度，完成焊件焊接，保证焊缝质量；

③ 焊接的各项尺寸控制在偏差范围内。

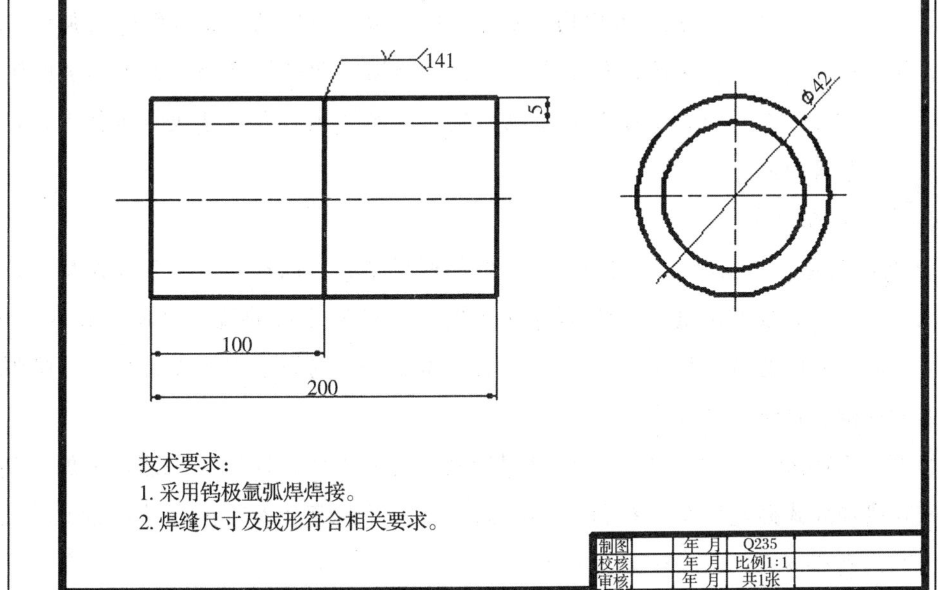

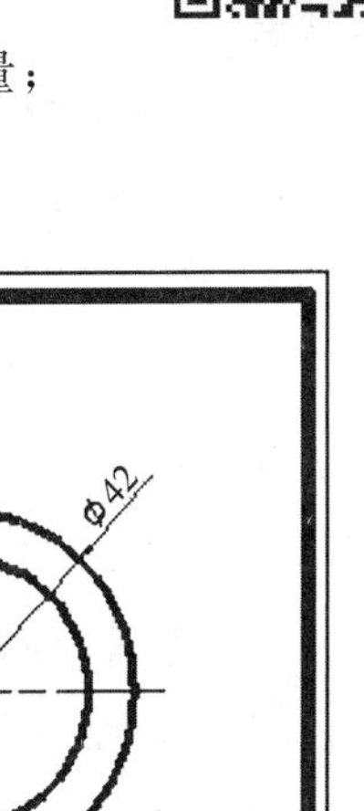

图 3 - 13　低碳钢 V 形坡口水平固定管焊图样

任务目标

任务目标见表 3 - 17。

表 3 - 17　低碳钢 V 形坡口水平固定管焊任务目标

知识目标	掌握钨氩弧焊的操作工艺，工艺参数的设置及运条的方式
能力目标	能够正确熟练运用钨极氩弧焊设备对焊件进行 V 形坡口对接水平固定管焊，保证焊缝质量
素质目标	提升学生解决问题的实际能力

相关知识

1. TIG焊的有害因素

氩弧焊影响人体的有害因素有三方面：

① 放射性。钍钨极中的钍是放射性元素，但钨极氩弧焊时钍钨极的放射剂量很小，在允许范围之内，危害不大。如果放射性气体或微粒入人体作为内放射源，则会严重影响身体健康。

② 高频电磁场。采用高频引弧时，产生的高频电磁场强度在60～100 V/m之间，超过卫生标准（20 V/m）数倍，但由于时间很短对人体影响不大。如果频繁起弧，或者把高器作为稳弧装置在焊接过程中持续使用电磁场可成为有害因素之一

③ 有害气体，如臭氧和氮氧化物。氩弧焊时，弧柱温度高，紫外线辐射强度远大于一般焊条电弧焊，因此在焊接过程中会产生大量的臭氧和氧氮化物，尤其臭氧的浓度远远超出参考卫生标准。如不采取有效通风措施，这些气体对人体健康影响很大，是氩弧焊最主要的有害因素。

2. 安全防护措施

① 通风措施。氩弧焊工作现场要有良好的通风装置，以排出有害气体及烟尘。除厂房通风外，可在焊接工作量大、焊机集中的地方，安装几台轴流风机向外排风。此外，还可采用局部通风的措施将电弧周围的有害气体抽走，例如采用明弧排烟罩、隐弧排烟罩、排烟焊枪、轻便小风机等。

② 防护射线措施。尽可能采用放射剂量极低的铈钨极。钍钨极和铈钨极加工时，应采用密式或抽风式砂轮磨削，操作者应配戴口罩、手套等个人防护用品，加工后要洗净手脸。钍钨极和铈钨极应放在铝盒内保存。

③ 防护高频的措施。为了防备和削弱高频电磁场的影响，采取的措施有：①工件良好接地，焊枪电缆和地线要用金属编织线屏蔽；②适当降低频率；③使用高频振荡器作为稳弧装置，应减小高频电流作用时间。

④ 其他个人防护措施。氩弧焊时，由于臭氧和紫外线作用强烈，穿戴非棉布工作服（如耐酸呢、柞绸等)。在容器内焊接又不能采用后部通风的情况下，可以采用送风式头盔、送风罩或防毒口罩等个人防护措施。

3. 钨极氩弧焊安全规程

① 焊接工作场所必须备有防火设备，如砂箱、灭火器、消防栓、水桶等。易燃物品距离焊接场所不得小于5 m。若无法满足规定距离时，可用石棉板、石棉布等妥善覆盖，防止火星落入易燃物品。易爆物品距离焊接场所不得小于10 m。氩弧焊工作场地要有良好的自然通风和固定的机械通风装置，减少氩弧焊有害气体和金属烟尘的危害。

② 手工钨极氩弧用焊机应放置在干燥通风处。严格按照焊机使用说明书操作。使用前应对焊机进行全面检查。确定焊机没有隐患，再接通电源。空载运行正常后方可施焊。保证焊机接线正确，必须良好、牢靠接地以保障安全。焊机电源的通、断由电源板上的开关控制，严禁负载时扳动开关，以免开关触头烧损。

③ 应经常检查弧焊枪冷却水或供气系统的工作情况，发现堵塞或泄漏时应即刻解决，防止烧坏焊枪和影响焊接质量。

④ 焊接人员离开工作场所或焊机不使用时，必须切断电源。若焊机发生故障，应由专业人员进行维修，检修时应采取防电击等安全措施。焊机应每年除尘清洁一次。

⑤ 钨极氩弧焊机高频振荡器产生的高频电磁场会使人产生一定的头晕、疲乏。因此，应用软金属编织线屏蔽（软管一端接在焊枪上，另一端接地，外面不包绝缘）。如有条件，应尽量采用晶体脉冲引弧取代高频引弧。

⑥ 氩弧焊时，紫外线强度很大，易引起电光性眼炎、电弧灼伤，同时产生臭氧和氮氧化物刺激呼吸道。因此，焊工操作时应穿白色帆布工作服，戴好口罩、面罩及防护手套、脚盖等。为了防止触电，应在工作台附近地面覆盖绝缘橡皮，工作人员应穿绝缘胶鞋。

任务实施

1. 焊前准备

① 焊件材质：20 号无缝钢管。

② 焊件尺寸：ϕ42 mm×5 mm，L=100 mm。

③ 焊丝型号：ER50-6，ϕ2.5 mm。

④ 保护气体：Ar 气体纯度要求达到 99.9%。

⑤ 焊接设备型号：WS-400 型。

2. 焊件装配

① 清理钢板坡口和两侧表面各 20 mm 范围内的油污、铁锈及氧化物等，直至呈现金属光泽为止。

② 装配间隙为 1.5～2 mm，错边量≤0.5 mm。

③ 定位焊一点定位，焊缝长 10 nm 左右，并保证该处间隙为 2 m，与它相隔 180°处间隙为 1.5 m，使管子轴线垂直并加固定点。

右边。定位焊点两端应先打磨成斜坡，以利于接头。

3. 焊接工艺参数

低碳钢 V 形坡口水平固定管焊焊接工艺参数见表 3 - 18。

表 3-18 低碳钢 V 形坡口水平固定管焊焊接工艺参数

焊接层次	焊丝直径/mm	钨极直径/mm	焊接电流/A	氩气流量/（L/min）
打底层	2.5	2.4	90～100	8～10
盖面层	2.5	2.4	90～100	6～8

4. 操作要领

（1）打底焊

施焊时，分别在前半部和后半部两个半圈进行，从仰焊位置起焊，在平焊位置收弧，起焊点在管中心线后 5～10 mm，在平焊位置越过管中心线 5～10 mm 收尾，见图 3-14。

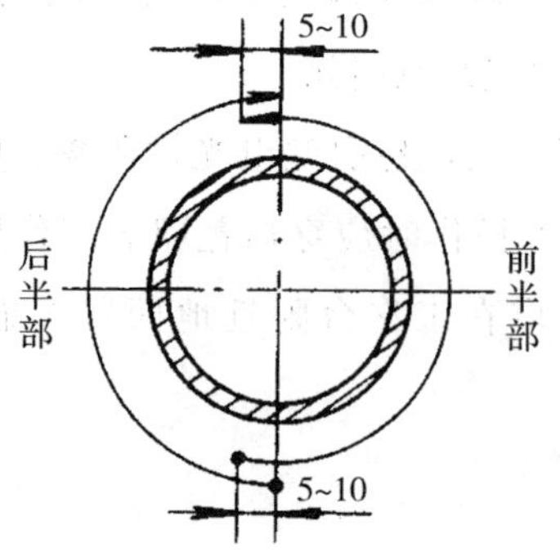

图 3-14 水平固定管起弧和收尾

起焊时，用右手拇指、食指和中指捏住焊枪，以无名指和小指支撑在管子外壁上。将钨极端头对准待引弧的部位，让钨极端头逐渐接近母材，按动焊枪上的启动开关引燃电弧，并控制弧长在 2～3 mm；对坡口根部起焊处两侧加热 2～3 s，获得一定大小熔池并往熔池中添加焊丝。送丝速度以焊丝所形成的熔滴与母材充分熔合，并得到熔透正反两面的焊缝为宜。运弧和送丝要调整好焊枪、焊丝和焊件相互间的角度，该角度应随焊接位置的变化而变化，如图 3-15 所示。

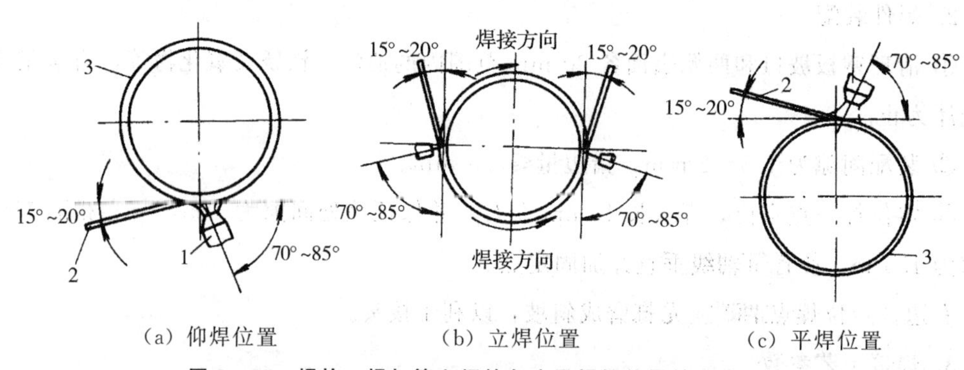

图 3-15 焊枪、焊与管之间的角度及焊接位置的变化关系

1——表示焊松子；2——表示焊位；3——焊接管

焊接过程中，焊枪角度和填丝角度要随焊接位置的变化而变化。电弧引燃后，在坡口根部间隙两侧用焊枪划圈预热，待钝边熔化形成熔孔后，将伸入到管子内侧的焊丝紧贴熔孔，在钝边两侧各送一滴熔滴，通过焊枪的横向摆动，使之形成搭桥连接的第一个熔池。此时，焊丝再紧贴熔池前沿中部填充一滴熔滴，使熔滴与母材充分熔合，熔池前方出现熔孔后，再送入另一滴熔滴，依此循环。当焊至立焊位置时，由内填丝改为外填丝，直至焊完底层的前半部。

后半部为顺时针方向的焊接，操作方法与前半部分相同。当焊至距定位焊缝 3～5 mm 时，为保证接头焊透，焊枪应划圈，将定位焊缝熔化，然后填充 2～3 滴熔滴，将焊缝封闭后继续施焊。当底层焊道的后半部与前半部在平位还差 3～4 mm 即将封口时，停止送丝，先在封口处周围划圈预热，使之呈红热状态，然后将电弧回原熔池填丝焊接。封口后停止送丝，继续向前施焊 5～10 mm 停弧，待熔池凝固后移开枪。打底层焊道厚度一般以 2 mm 为宜。在焊接过程中，根据不同的焊接位置（仰焊、立焊、平焊），焊枪角度和填丝角度生变化。

（2）盖面焊

采用月牙形摆动进行盖面焊，盖面焊焊枪角度与打底焊时相同，填丝采用外填丝法。在打底层上位于时钟 6 点处引弧，焊枪做月牙形摆动，

在坡口边缘及打底层焊道表面熔化并形成熔池后，开始填加一滴熔滴，并使其与母材良好熔合。如此摆动、填丝进行焊接。在仰焊部位填丝量应适当少一些，以防熔敷金属下坠；在立焊部位时，焊枪的摆动频率要适当加快以防熔滴下淌；到平焊部位时，每次填充的焊丝要多些，以防焊缝不饱满。整个盖面层焊接运弧要平稳，钨极端部与熔池距离保持在 2～3 mm 之间，熔池的轮廓应与焊缝的中心线对称，若发生偏斜，随时调整焊枪角度和电弧在坡口边缘的停留时间。

任务小结

任务小结见表 3 - 19。

表 3 - 19　低碳钢 V 形坡口水平固定管焊任务小结

注意事项	操作技巧
1. 焊前注意穿戴个人劳保用品，检查设备各接线处是否有松动现象；焊枪及电缆线是否有破损；防止漏电和接触不良现象 2. 焊接过程注意个人保护及提醒周围同学注意防范，以免电弧光灼伤眼睛	1. 焊接过程中，焊枪角度和填丝角度要随焊接位置的变化而变化 2. 采用月牙形摆动进行盖面焊，在仰焊部位填丝量应适当少一些，以防熔敷金属下坠

任务评价

任务评价见表 3 - 20。

表 3 - 20 低碳钢 V 形坡口水平固定管焊评分标准

班级　　　　　　姓名　　　　　　　　　　　　　　　　　年　　月　　日

考件名称	低碳钢 V 形坡口水平固定管焊	时限	60 min	总分	
项目	考核技术要求	配分	评分标准		得分
焊前准备	各种设备、工具的安装使用	5	使用和安装方法不正确扣 1～5 分		
	焊接参数的选择	5	不正确不得分		
焊件尺寸外观质量	焊缝余高（h）$0 \leqslant h \leqslant 1$ mm	8	每超差 1 mm 扣 2 分		
	焊缝余高差（h_1）$0 \leqslant h_1 \leqslant 1$ mm	5	每超差 1 mm 扣 1 分		
	焊缝宽度 6～8 mm	5	每超差 1 mm 扣 1 分		
	焊缝宽度差（c_1）$0 \leqslant c_1 \leqslant 1$ mm	5	每超差 1 mm 扣 1 分		
	焊缝边缘直线度误差≤2 mm	8	每超差 1 mm 扣 1 分		
	咬边缺陷深度 $F \leqslant 0.5$ mm；累计长度小于 20 mm	8	每超差 1 mm 扣 2 分，扣去 8 分为止		
	无夹钨	5	每出现一处缺陷扣 3 分		
	无未熔合	5	出现缺陷不得分		
	起头良好	5	处理不当不得分		
	无焊瘤	5	处理不当不得分		
	收尾处弧坑填满	5	处理不当不得分		
	无气孔	5	处理不当不得分		
	接头无脱节	5	每出现一处脱节扣 3 分		
	焊缝表面波纹细腻均匀，成形美观	6	根据成形酌情扣分		
安全文明生产	按照国家安全生产法规有关规定考核	5	视违反规定的程度扣 1～5 分		
时限	焊件必须在考核时间内完成	5	超时≤5 min 扣 2 分 超时<5～10 min 扣 5 分 超时 20 min 不及格		

任务 3.6　低碳钢 V 形坡口垂直固定管焊

工作任务

① 读懂图样（见图 3 - 16），合理选择焊接参数；

② 调节设备参数，控制运条速度，完成焊件焊接，保证焊缝质量；

③ 焊接的各项尺寸控制在偏差范围内。

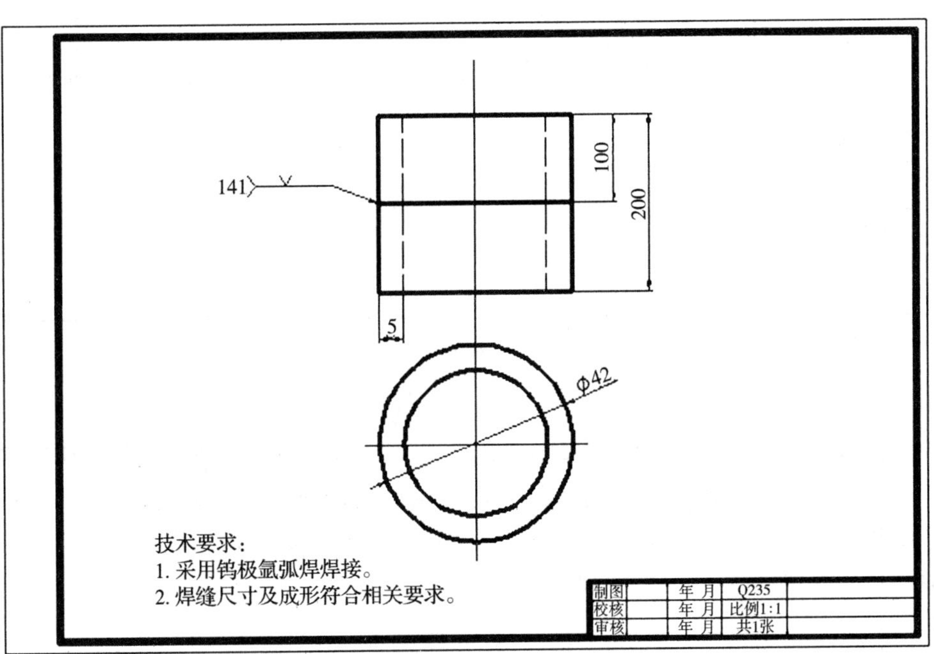

图 3 - 16　低碳钢 V 形坡口垂直固定管焊图样

任务目标

任务目标见表 3 - 21。

表 3 - 21　低碳钢 V 形坡口垂直固定管焊任务目标

知识目标	掌握钨极氩弧焊的操作工艺，工艺参数的设置及运条的方式
能力目标	能够正确熟练运用钨极氩弧焊设备对焊件进行 V 形坡口垂直固定管焊，保证焊缝质量
素质目标	提升学生解决问题的实际能力

相关知识

氩弧焊时，对材料的表面质量要求很高，焊前必须经过严格清理，清除填充焊丝及工件坡口和坡口两侧表面至少 20 m 范围内的油污、水分、灰尘、氧化膜等。否则在焊接过程中将影响电弧稳定性，恶化焊缝成形，并可能导致气孔、夹杂、未熔合等缺陷。常用清理方法如下：

1. 脱脂

可以用有机溶剂（汽油、丙酮、三氯乙烯、四氯化碳等）擦洗，也可配制专用化学溶液清洗。表 3 - 22 为用于铝及铝合金脱脂的溶液配方及清洗工艺。

表 3 - 22　为用于铝及铝合金脱脂的溶液配方及清洗工艺

脱脂			冲洗时间/min	
溶液成分/（g/L）	溶液温度/℃	脱脂时间/min	热水（50～60 ℃）	流动冷水
工业磷酸三钠 40～50	60～70	5～8	2	2
水玻璃 20～30				
碳酸钠 40～50				
水及其他				

2. 除氧化膜

（1）机械清理

此方法只适用于工件，对于焊丝不适用。通常是用不锈钢丝或铜丝轮（刷）将坡口及其两侧氧化膜清除。对于不锈钢及其他钢材也可用砂布打磨。铝及铝合金材质较软，用刮刀清理也较有效。但机械清理效率低，去除氧化膜不彻底，一般只用于尺寸大、生产周期长或化学清洗后又局部沾污的工件。

（2）化学清理

依靠化学反应的方法去除焊丝或工件表面的氧化膜，清洗溶液和方法因材料而异，表 3 - 23 表示是铝及铝合金的清理方法。

表 3 - 23　铝及铝合金的清理方法

材料	碱洗			冲洗	中和光化			冲洗	光化
	溶液	温度/℃	时间/min		溶液	温度/℃	时间/min		
纯铝	NaOH 6%～10%	40～50	≤20	清水	HNO_3 30%	室温	1～3	清水	风干
铝镁、铝锰合金	NaOH 6%～10%	40～50	≤7	清水	HNO_3 30%	室温	1～3	清水	

任务实施

1. 焊前准备

① 焊件材质：20号无缝钢管。

② 焊件尺寸：ϕ42 mm×5 mm×1.0 mm。

③ 焊丝型号：ER50-6，ϕ2.5 mm。

④ 保护气体：Ar气体纯度要求达到99.9%。

⑤ 焊接设备型号：WS-400型。

2. 焊件装配

① 清理钢板坡口和两侧表面各20 mm范围内的油污、铁锈及氧化物等，直至呈现金属光泽为止。

② 装配间隙为1.5～2 mm，错边量≤0.5 mm。

③ 定位焊一点定位，焊缝长10 nm左右，并保证该处间隙为2 m，与它相隔180°处间隙为1.5 m，使管子轴线垂直并加固定点，间隙小的一侧位于表右边。定位焊点两端应先打磨成斜坡，以利于接头。

3. 焊接工艺参数

低碳钢V形坡口垂直平固定管焊焊接工艺参数见表3-24。

表3-43　低碳钢V形坡口垂直平固定管焊焊接工艺参数

焊接层次	焊丝直径/mm	钨极直径/mm	焊接电流/A	氩气流量/（L/min）
打底层	2.5	2.4	90～95	8～10
盖面层	2.5	2.4	95～100	6～8

4. 操作要领

（1）打底焊

打底焊焊枪角度如图3-17所示，在右侧间隙最小处（1.5 mm）。

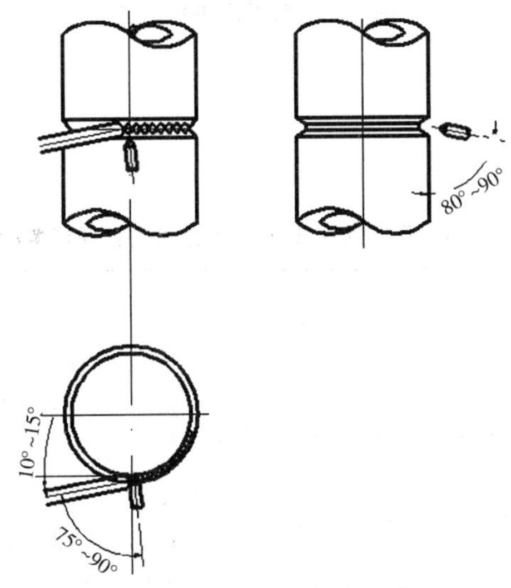

图3-17　打底焊焊枪角度

引弧，先不加焊丝，待坡口根部熔化形成熔池后，将焊丝轻轻地向熔池里送一下，并向管坡口内摆动，将熔液送到坡口根部，以保证背面焊缝的高度。填充焊丝的同时焊枪小幅度做横向摆动并向左均匀移动。在焊接过程中，填充焊丝以往复运动方式间断地送入电弧内的熔池前方，在熔池前呈滴状加入。焊丝送进要有规律，不能时快时慢，以保证焊缝成形美观。当操作者移动位置暂停焊接时，应按收弧要点操作（见薄板对接焊收弧部分）。继续焊接时，焊前应将收弧处修磨成斜坡并清理干净，在斜坡上引弧移至离接头 8～10 m 处，焊枪不动，当获得明亮清晰的熔池后，即可填加焊丝，继续从右向左进行焊接。小管垂直固定打底焊时，熔池的热量要集中在坡口的下部，以防止上部坡口过热，母材熔化过多，产生咬边或焊缝背面的余高下坠。

（2）盖面焊

盖面焊缝由上、下两道组成，先焊下面的焊道，后焊上面的焊道，焊枪角度如图 3-18 所示。焊下面的盖面焊道时，电弧对准打底焊道下沿，使熔池下沿超出管子坡口的棱边 0.5～1.5 m，熔池上沿在打底焊道的 1/2～2/3 处。焊上面的盖面焊道时，电弧对准打底焊道上沿，使熔池超出管子坡口棱边 0.5～1.5 mm，下沿与下面的焊道圆滑过渡，焊接速度要适当加快，送丝频率也加快，适当减少送丝量，防止焊缝下坠。

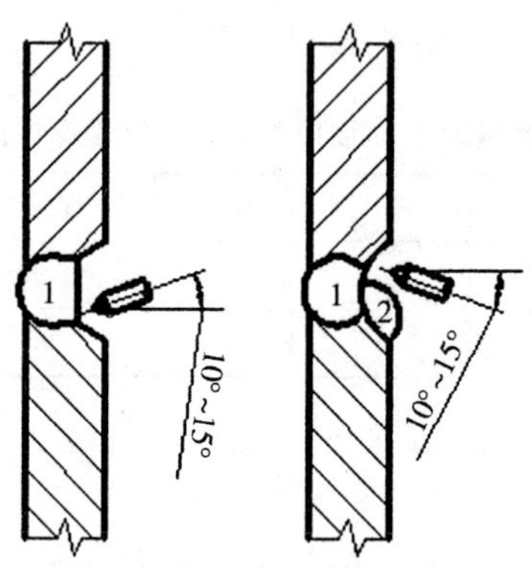

图 3-18 盖面焊焊枪角度

任务小结

任务小结见表 3-25。

表 3-25　低碳钢 V 形坡口垂直固定管焊任务小结

注意事项	操作技巧
1. 焊前注意穿戴个人劳保用品，检查设备各接线处是否有松动现象；焊枪及电缆线是否有破损；防止漏电和接触不良现象 2. 焊接过程注意个人保护及提醒周围同学注意防范，以免电弧光灼伤眼睛	1. 焊下面的盖面焊道时，电弧对准打底焊道下沿，使熔池下沿超出管子坡口的棱边 0.5～1.5 m 2. 焊上面的盖面焊道时，电弧对准打底焊道上沿，焊接速度要适当加快，送丝频率也加快，适当减少送丝量，防止焊缝下坠

任务评价

任务评价见表 3-26。

表 3-26 低碳钢 V 形坡口垂直固定管焊评分标准

班级　　　　姓名　　　　　　　　年　　月　　日

考件名称	低碳钢 V 形坡口垂直固定管焊	时限	60 min	总分	
项目	考核技术要求	配分	评分标准		得分
焊前准备	各种设备、工具的安装使用	5	使用和安装方法不正确扣 1～5 分		
	焊接参数的选择	5	不正确不得分		
焊件尺寸外观质量	焊缝余高（h）$0 \leqslant h \leqslant 2$ mm	8	每超差 1 mm 扣 2 分		
	焊缝余高差（h_1）$0 \leqslant h_1 \leqslant 2$ mm	5	每超差 1 mm 扣 1 分		
	焊缝宽度 6～8 mm	5	每超差 1 mm 扣 1 分		
	焊缝宽度差（c_1）$0 \leqslant c_1 \leqslant 1$ mm	5	每超差 1 mm 扣 1 分		
	焊缝边缘直线度误差≤2 mm	8	每超差 1 mm 扣 1 分		
	咬边缺陷深度 $F \leqslant 0.5$ mm；累计长度小于 20 mm	8	每超差 1 mm 扣 2 分，扣去 8 分为止		
	无夹钨	5	每出现一处缺陷扣 3 分		
	无未熔合	5	出现缺陷不得分		
	起头良好	5	处理不当不得分		
	无焊瘤	5	处理不当不得分		
	收尾处弧坑填满	5	处理不当不得分		
	无气孔	5	处理不当不得分		
	接头无脱节	5	每出现一处脱节扣 3 分		
	焊缝表面波纹细腻均匀，成形美观	6	根据成形酌情扣分		
安全文明生产	按照国家安全生产法规有关规定考核	5	视违反规定的程度扣 1～5 分		
时限	焊件必须在考核时间内完成	5	超时≤5 min 扣 2 分 超时<5～10 min 扣 5 分 超时 20 min 不及格		

项目四 气焊与气割技能训练

任务 4.1 低碳钢板对接平焊

工作任务

(1) 读懂图样（见图 4 - 1），合理选择焊接参数；
(2) 氧气乙炔焰气割设备正确使用，调节火焰能率，完成焊件焊接，保证焊缝质量；
(3) 焊接的各项尺寸控制在偏差范围内。

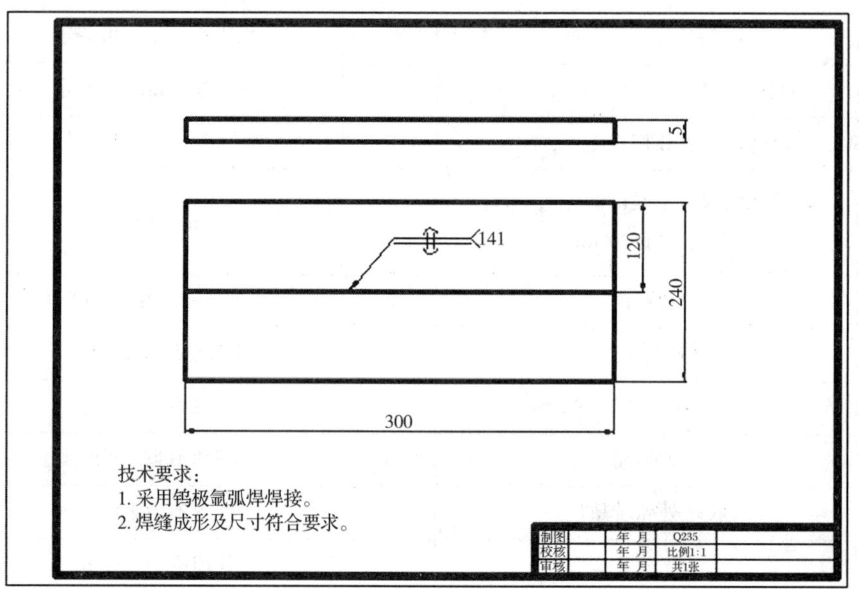

图 4 - 1 低碳钢板对接平焊图样

任务目标

任务目标见表 4 - 1。

表 4 - 1 低碳钢板对接平焊任务目标

知识目标	掌握氧炔焰气焊的操作工艺，火焰调节，火焰能率调节
能力目标	能够正确熟练运用氧炔焰气焊设备对焊件进行对接平焊，保证焊缝质量
素质目标	提升学生解决问题的实际能力

相关知识

气割设备及工具主要包括氧气瓶、乙炔瓶、减压器、割炬等，辅助工具包括氧气胶管、乙炔胶管、护目镜、点火枪及钢丝刷等。

1. 氧气瓶

氧气瓶是贮存和运输氧气的一种高压容器。气瓶的容积为 40 L，在 15 MPa 压力下，可贮存 6 m^3的氧气。氧气瓶的使用方法：

① 氧气瓶在使用时应直立放置，安放稳固，防止倾倒。只有在特殊情况下才允许卧放，但瓶头一端必须垫高，并防止滚动。

② 氧气瓶内的氧气不能全部用完，至少要保持 0.1～0.3 MPa 的压力，以便充氧时便于鉴别气体性质及吹除瓶阀内的杂质，还可以防止使用中可燃气体倒流或空气进入瓶内。

③ 氧气瓶开启时，焊工应站在出气口的侧面，先拧开瓶阀吹掉出气口内杂质，再与氧气减压器连接。开启和关闭氧气瓶阀时不要过猛。

④ 夏季露天操作时，氧气瓶应放在阴凉处，避免阳光的强烈照射。

2. 乙炔瓶

乙炔瓶是一种贮存和运输乙炔的容器，主要由瓶体、瓶阀、瓶内的多孔性填料等组成。乙炔瓶体是由低合金钢板经轧制焊接制造的。瓶体的外表漆成白色，并标注红色“乙炔”字样。瓶内最高压力为 1.5 MPa。为使乙炔稳定而安全地贮存，瓶内装着浸满丙酮的多孔性填料。乙炔瓶的使用方法如下：

① 乙炔瓶在使用时只能直立放置，不能横放。否则会使瓶内的丙酮流出，甚至会通过减压器流入乙炔胶管和割炬内，引起燃烧或爆炸。

② 乙炔瓶的表面温度不应超过 30～40 ℃。温度过高会降低乙炔在丙酮中的溶解度，使瓶内的乙炔压力急剧增高。在一个大气压（1 atm＝101325 Pa）下，温度 15℃时，1 L 丙酮可溶解 23 L 乙炔，而在 30 ℃时为 16 L 乙炔，在 40 ℃时为 13 L 乙炔。

③ 乙炔瓶应避免剧烈的振动和撞击，以免填料下沉形成空洞，影响乙炔的贮存甚至造成乙炔瓶爆炸。

④ 乙炔减压器与乙炔瓶的瓶阀连接必须可靠，严禁在漏气的状况下使用。

⑤ 工作时，使用乙炔的压力不能超过 0.15 MPa，输出流量不能超过 1.5～2.5 m^3/h。

⑥ 乙炔瓶内的乙炔不能全部用完，当高压表的读数为零，低压表的读数为 0.01～0.03 MPa 时，应立即关闭瓶阀。

由于乙炔是易燃易爆气体，因此焊工在使用乙炔瓶时必须谨慎，应严格遵守乙炔瓶的安全使用方法。

3. 减压器

减压器具有两个作用：一是减压，二是稳压。

（1）减压作用

由于气瓶内压力较高，而气割时所需的工作压力却较小。如氧气的工作压力一般要求为0.1～0.4 MPa，乙炔的工作压力则更低，最高为0.15 MPa，因此需要用减压器把贮存在气瓶内的高压气体降为低压气体，才能输送到割炬内使用。

（2）稳压作用

随着气体的消耗，气瓶内气体的压力是逐渐下降的，即在气割工作中气瓶内的气体压力是时刻变化的，这种变化会影响气割的顺利进行。因此就需要使用减压器保持输出气体的压力和流量都不受气瓶内气体压力的下降的影响，使工作压力自始至终保持稳定。

任务实施

1. 焊前准备

① 焊件材质：Q235A。

② 焊件尺寸：2 mm×120 mm×300 mm。

③ 焊丝型号：ER50-6，ϕ2 mm。

④ 焊接设备：氧气瓶、氧气减压器、乙炔瓶、乙炔减压器、焊炬（H01-6）、氧气胶管、乙炔胶管。

2. 焊件装配

① 清理钢板表面的油污、铁锈及氧化物等，直至呈现金属光泽为止。

② 定位焊的位置在焊缝正面，定位焊长度4～6 mm，间距50～80 mm，定位焊顺序由焊件中间向两端进行。

3. 焊接工艺参数

低碳钢板对接平焊焊接工艺参数见表4-2。

表4-2 低碳钢板对接平焊焊接工艺参数

焊接层次	焊丝直径/mm	氧气压力/MPa	乙炔压力/MPa	焊嘴号码
正面	2	0.2～0.3	0.02～0.03	H01-6型　2号

4. 操作要领

（1）起头

焊道起头时，使用中性焰指向待焊部分，焊矩倾角应大些，以便对焊件进行预热，同时可使焊炬在起焊处往复移动，保证焊接处温度均匀升高。当起焊处加热至红色时，还不能加入焊丝，要待起焊处熔化并形成白亮清晰的熔池时，才可加入焊丝；将焊丝熔滴送入熔池，然后立即抬起焊丝；让火焰继续向前移动，正常焊接。

（2）焊接

焊接操作采用左焊法，选用中性火焰。起焊时可从接缝一端留30 m处施焊，其目的是使起焊处于板内，传热面积大，冷凝时不易出现裂纹或烧穿。火焰内焰尖端要对准接缝中心线，距焊件2～5 mm，焊丝端部位于焰心前下方，做上下往复运动，焊丝端部不要离开外焰保护区，以免氧化。焊炬可做上下摆动，也可做平稳直线运动，如图4－2所示，目的是调节熔池温度，使得焊件熔化良好，并控制液体金属的流动，使焊缝成形美观。

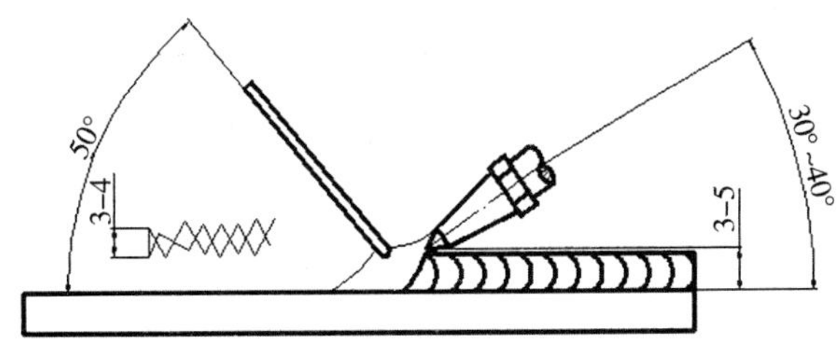

图4－2　焊炬摆动

在气焊过程中，如果火焰性质发生了变化，发现熔池浑浊、有气泡、火花飞溅或熔池沸腾等现象，要及时将火焰调节为中性焰，然后再进行焊接。焊炬的倾角、高度和焊接速度应根据熔池大小而调整。如发现熔池过小，焊丝熔化后仅敷在焊件表面，说明热量不足，焊炬倾角应增大，焊接速度要减慢。如发现熔池过大，且没有流动金属时，说明焊件已被烧穿，此时迅速提起火焰或加快焊接速度，减小焊炬倾角，并多加焊丝。焊接始终应保持熔池为椭圆形且大小一致，才能获得满意的焊缝。

（3）接头

在接过程中，中途停顿后继续施焊时，应用火焰把原熔池重新加热熔化形成新的熔池后再加焊丝，重新开始焊接。每次续焊应与前道焊缝重叠5～10 mm，重叠焊道要少加或不加焊丝，才能保证焊缝高度合适及过渡圆滑。

（4）收尾

焊缝收尾时，由于焊件温度高，散热条件差，应减小焊炬的倾斜角度，加快焊接速度，防止熔池过大形成烧穿。焊接结束时，应将焊炬火焰缓慢提起，使焊缝熔池逐渐减小，并应多加一些焊丝，防止产生气孔或裂纹等缺陷。

任务小结

任务小结见表4－3。

表4－3　低碳钢板对接平焊任务小结

注意事项	操作技巧
1. 焊前注意穿戴个人劳保用品，检查设备各接线处是否有松动现象；焊枪及胶管是否有破损；防止漏气 2. 焊接过程中发生回火，应迅速关闭乙炔阀，再关闭氧气调节阀	1. 在焊接过程中，焊炬和焊丝的移动要配合好，焊道的宽度、高度和笔直度必须均匀整齐 2. 定位焊焊缝不要过高、过低、过宽、过窄，要平直光滑。产生缺陷时，必须将其铲除或打磨修补，以保证质量

任务评价

任务评价见表 4 - 4。

表 4 - 4 低碳钢板对接平焊评分标准

班级　　　　　　姓名　　　　　　　　　　　　　　　　年　　月　　日

考件名称	低碳钢对接平焊	时限	60 min	总分	
项目	考核技术要求	配分	评分标准		得分
焊前准备	各种设备、工具的安装使用	5	使用和安装方法不正确扣 1～5 分		
	焊接参数的选择	5	不正确不得分		
焊件尺寸外观质量	焊缝余高（h）$0 \leqslant h \leqslant 2$ mm	8	每超差 1 mm 扣 2 分		
	焊缝余高差（h_1）$0 \leqslant h_1 \leqslant 2$ mm	5	每超差 1 mm 扣 1 分		
	焊缝宽度 4～5 mm	5	每超差 1 mm 扣 1 分		
	焊缝宽度差（c_1）$0 \leqslant c_1 \leqslant 1$ mm	5	每超差 1 mm 扣 1 分		
	焊缝边缘直线度误差≤2 mm	8	每超差 1 mm 扣 1 分		
	咬边缺陷深度 $F \leqslant 0.5$ mm；累计长度小于 20 mm	8	每超差 1 mm 扣 2 分，扣去 8 分为止		
	无烧穿	5	每出现一处缺陷扣 3 分		
	无未熔合	5	出现缺陷不得分		
	起头良好	5	处理不当不得分		
	无焊瘤	5	处理不当不得分		
	收尾处弧坑填满	5	处理不当不得分		
	无气孔	5	处理不当不得分		
	接头无脱节	5	每出现一处脱节扣 3 分		
	焊缝表面波纹细腻均匀，成形美观	6	根据成形酌情扣分		
安全文明生产	按照国家安全生产法规有关规定考核	5	视违反规定的程度扣 1～5 分		
时限	焊件必须在考核时间内完成	5	超时＜5 min 扣 2 分 超时＜5～10 min 扣 5 分 超时 20 min 不及格		

任务 4.2　手工气割

工作任务

① 读懂图样（见图 4-3），合理选择气割参数；

② 氧气乙炔焰气割设备正确使用，调节火焰能率，完成工件切割，保证气割质量；

③ 切割工件的各项尺寸控制在偏差范围内。

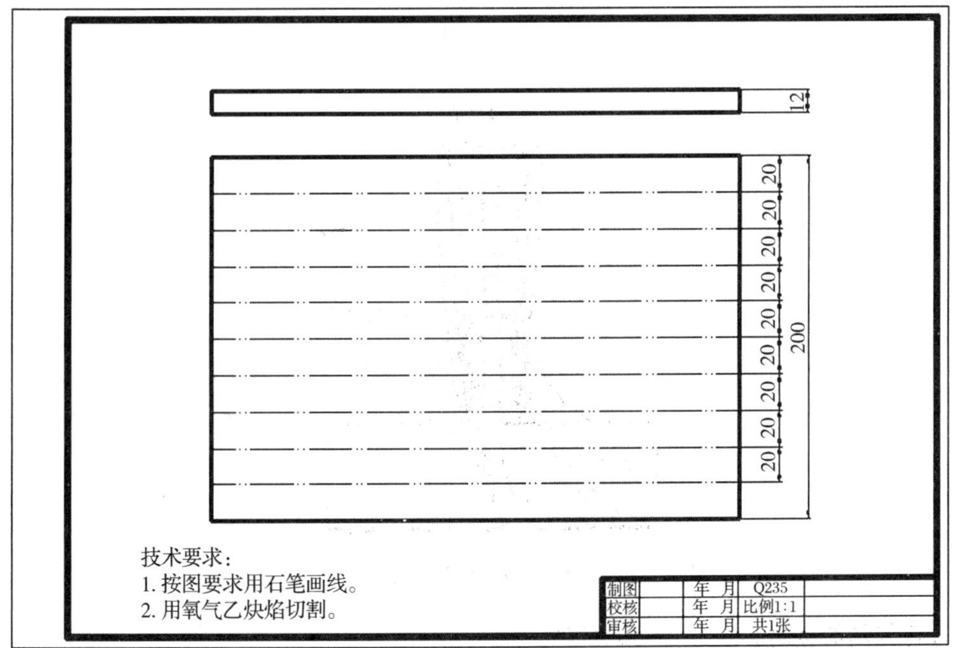

图 4-3　手工气割图样

任务目标

任务目标见表 4-5。

表 4-5　手工气割任务目标

知识目标	掌握氧炔焰气割的操作工艺，火焰调节，火焰能率调节
能力目标	能够正确熟练运用氧炔焰气割设备对工件进行气割，保证割缝质量
素质目标	提升学生解决问题的实际能力

相关知识

气割是利用气体火焰的热能，将工件切割处预热到一定温度后，喷出高速切割氧流使其燃烧并放出热量，实现切割的方法。

氧气切割过程包括下列三个阶段：其一是气割开始时，用预热火焰将起割处的金属预热到燃烧温度（燃点）；其二是向被加热到燃点的金属喷射切割氧，使金属剧烈地燃烧；其三是金属燃烧氧化后生成熔渣和产生反应热，熔渣被切割氧吹除，所产生的热量和预热火焰热量将下层金属加热到燃点。这样就将金属逐渐地割穿，随着割炬的移动，即可切割成所需的形状和尺寸。所以金属的气割过程实质是金属在纯氧中的燃烧过程，而不是熔化过程。气割过程如图 4 - 4 所示。

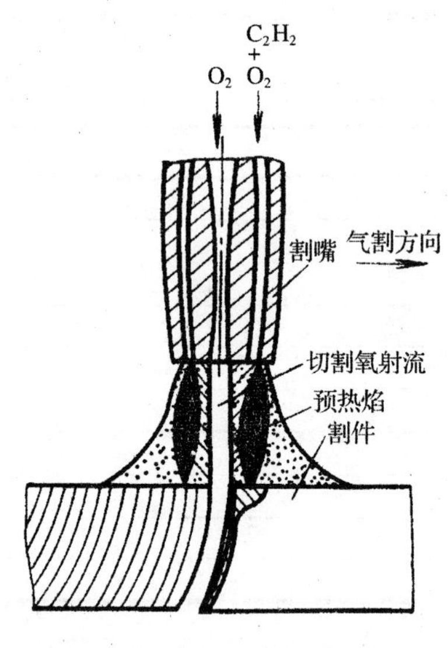

图 4 - 4　气割过程

进行气割的金属必须具备下列条件：

① 金属的燃点应低于其熔点，这是氧气切割过程能正常进行的最基本条件。只有这样才能保证金属在固态下燃烧形成割缝，否则金属将被熔化而形成熔割。

② 金属在切割氧射流中燃烧应是放热反应。放热反应的结果是上层金属燃烧产生很大的热量，对下层金属起着预热的作用。否则，下层金属就得不到预热，气割过程就不能进行。

③ 金属气割时形成氧化物的熔点应低于被切割金属的熔点，而且流动性要好，氧化物才能从割缝处吹除。若金属氧化物的熔点比被切割金属熔点高，则加热金属表面上的高熔点氧化物会阻碍下层金属与切割氧射流的接触，而使气割发生困难。

④ 被气割金属中阻碍气割过程的杂质如碳、铬和硅要少，提高钢的可淬性的杂质如钨、钼等也要少，这样才能使气割过程正常进行，防止气割缝表面产生裂纹等缺陷。

⑤ 金属的导热性不应太高，否则，被割金属由预热火焰及金属燃烧时所供给的热量

易于散失，气割处的温度较难达到金属燃点。

根据上述条件，工业纯铁和低碳钢的气割性最好。低碳钢的燃点（约为 1350 ℃）低于熔点（约为 1500 ℃），燃烧时所产生的热量很大，对下层金属所起的预热作用也很强。随着钢中含碳量的增高，其熔点降低，而燃点增高，气割过程开始恶化。当含碳量超过0.7%时，必须将割件预热至 400～700 ℃才能进行气割；当含碳量在 1%～1.2%时，割件已不能正常气割。

铸铁不能用氧气切割，因其燃点高于熔点，同时产生熔点高、黏度大的 SiO_2，切割氧射流不能将其吹除。此外由于铸铁中含碳量高，碳燃烧后产生 CO 和 CO_2 会冲淡切割氧射流，降低氧化效果，使气割发生困难。

高铬钢和铬镍钢加热时，会形成高熔点的（约 1990 ℃）氧化铬及氧化镍，遮盖了金属的割缝表面，阻碍下一层金属燃烧，气割也比较困难。

铜、铝及其合金有较高的导热性，加之铝在切割中产生的高熔点（2050 ℃），均使气割难以进行。

总之，铸铁、高铬钢、铬镍钢、高碳钢、铝及铝合金、铜及铜合金均不能采用氧气切割，而只能使用等离子切割。

任务实施

1. 割前准备

① 工件材质：Q235A。

② 割件尺寸：12 mm×200 mm×300 mm。

③ 焊接设备：氧气瓶、氧气减压器、乙炔瓶、乙炔减压器、割炬（G01-30）、氧气胶管、乙炔胶管。

2. 割件准备

① 清理钢板表面的油污、铁锈及氧化物等，直至呈现金属光泽为止。

② 用石笔在焊件表面划出距离为 20 mm、长度为 300 mm 线段 5 条。

3. 气割工艺参数

低碳钢板气割工艺参数见表 4 - 6。

表 4 - 6　低碳钢板气割工艺参数

钢板厚度/mm	氧气压力/MPa	乙炔压力/MPa	割炬型号	割嘴号码
12	0.4～0.5	0.04～0.05	G01-30	2 号

4. 操作要领

（1）点火

点火前，先逆时针微开氧气阀，再按逆时针方向旋转乙炔开关，放出乙炔，用点火枪。开始点燃的火焰多冒黑烟，这种火焰叫做碳化焰。此时应逐渐开大氧气阀，增加氧气供给量，直至火焰的内焰和外焰没有明显的界限，这种火焰叫作中性焰，切割时应使用中性焰。火焰调好后，打开割炬上的切割氧阀，并增大氧气流量，观察切割氧流（风线）的形状，风线应呈笔直清晰的圆柱体形状。

（2）起割

起割时，应先预热起制端的棱角处，并使割嘴向前倾斜 5°～10°，如图 4-5 所示当金属预热到低于熔点的红热状态时，使割嘴向气割的反方向倾斜一点，将火焰局部移出边缘线以外，同时慢慢打开切割氧气阀门。看到被预热的红点在氧气流中被吹掉时，立即进一步开大切割氧气阀门，看到割件背面飞出鲜红的氧化金属渣时，割件已被割透。

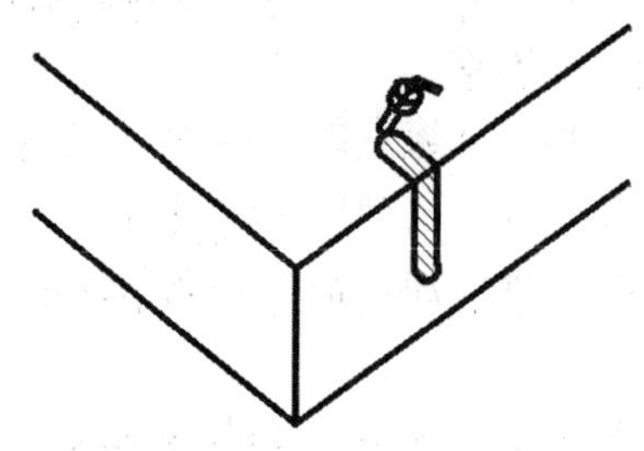

图 4-5 起割示意图

（3）正常切割

割件边缘割穿后，即进入正常气割过程。为了保证气割质量，割炬的移动速度要均匀，割炬至割件表面的距离应保持一定高度。气割过程中，倘若发生回火和爆鸣现象，应立即先关闭切割氧阀和乙炔阀，然后再关闭热氧阀，使气割过程暂停，再用通针清除气体通道内的污物，如发现割矩过热，可用冷水浸一下，处理正常后，再重新点火切割。

（4）停割

气割临近结束时，速度可适当放慢，这样可减少后拖量，容易将整条切口完全割断。割嘴应沿气割方向向后倾斜一个角度，以便使钢板的下部提前割透，使割缝在收尾处较整齐，先关闭切割氧阀和乙炔阀，然后再关闭热氧阀，使气割过程结束。

（5）清理

停割后要仔细清除钢板割口边缘的挂渣，以便于以后的加工。

任务小结

任务小结见表 4-7。

表 4-7 手工气割任务小结

注意事项	操作技巧
1. 焊前注意穿戴个人劳保用品，检查设备各接线处是否有松动现象；焊枪及胶管是否有破损；防止漏气 2. 焊接过程中发生回火，应迅速关闭切割氧阀及乙炔阀，再关闭氧气调节阀	1. 气割前，应先熟悉气割工具的使用、气割参数的正确选择及气割工艺要点 2. 钢板要放平放稳，钢板下如果是水泥地面，则应在钢板下垫薄铁板或石棉板，以防烧坏水泥地面，或者水泥崩溅伤人

任务评价

任务评价见表 4 - 8。

表 4 - 8　手工气割评分标准

班级　　　　　　姓名　　　　　　　　　　　　　　　　年　　月　　日

<table>
<tr><td>考件名称</td><td>手工气割</td><td>时限</td><td colspan="2">60min</td><td>总分</td><td></td></tr>
<tr><td>项目</td><td>考核技术要求</td><td>配分</td><td colspan="3">评分标准</td><td>得分</td></tr>
<tr><td rowspan="2">割前准备</td><td>各种设备、工具的安装使用</td><td>10</td><td colspan="3">使用和安装方法不正确扣 1～5 分</td><td></td></tr>
<tr><td>火焰调节（中性焰）</td><td>10</td><td colspan="3">不正确不得分</td><td></td></tr>
<tr><td rowspan="8">割件外观质量</td><td>切割面的平面度≤1.5 mm</td><td>10</td><td colspan="3">每超差 1 mm 扣 5 分</td><td></td></tr>
<tr><td>气割面边缘直线度≤1.5 mm</td><td>10</td><td colspan="3">每超差 1 mm 扣 5 分</td><td></td></tr>
<tr><td>气割面与钢板表面垂直度≤1mm</td><td>10</td><td colspan="3">每超差 1 mm 扣 5 分</td><td></td></tr>
<tr><td>气割线与号料线误差≤1.5 mm</td><td>10</td><td colspan="3">每超差 1 mm 扣 5 分</td><td></td></tr>
<tr><td>割纹深度≤0.5 mm</td><td>8</td><td colspan="3">每超差 0.5 mm 扣 2 分</td><td></td></tr>
<tr><td>切口缝隙均匀</td><td>8</td><td colspan="3">每超差 1 mm 扣 4 分，扣去 8 分为止</td><td></td></tr>
<tr><td>塌边宽度≤2 mm</td><td>4</td><td colspan="3">每出现一处缺陷扣 2 分</td><td></td></tr>
<tr><td>割缝表面纹路细腻均匀，美观</td><td>10</td><td colspan="3">根据成形酌情扣分</td><td></td></tr>
<tr><td>安全文明生产</td><td>按照国家安全生产法规有关规定考核</td><td>5</td><td colspan="3">视违反规定的程度扣 1～5 分</td><td></td></tr>
<tr><td>时限</td><td>气割必须在考核时间内完成</td><td>5</td><td colspan="3">超时<5 min 扣 2 分
超时<5～10 min 扣 5 分
超时 20 min 不及格</td><td></td></tr>
</table>

附 录

附录一 焊工（中级工）技能操作试卷

试卷（一）

一、设备准备

序号	设备名称	规格	数量	备注
1	直流焊机	ZX7-400	每工位1台	
2	氩弧焊机	WS-400	每工位1台	
3	焊条烘干箱	自定	1～2台	
4	焊条保温筒	自定	每工位1台	

二、材料准备

序号	材料名称	规格（mm）	数量（每人）	备注
1	20＃无缝钢管	ϕ108×8×120	2件	
2	Q345A	300×125×6	2件	
3	焊条E5015	ϕ3.2或ϕ4.0	满足要求	
4	焊丝ER50-6	ϕ2.0或ϕ2.5	满足要求	
5	钨极	ϕ2.4	满足要求	

三、工、量、刃具准备

序号	工具名称	规格	数量（件）
1	焊缝检验尺	HJC-40	不少于3
2	低倍放大镜	5～10倍	不少于3

续 表

序号	工具名称	规格	数量（件）
3	钢板尺	≥200 mm	自定
4	钢印	自定	不少于 2
5	电焊面罩	自定	每工位 1
6	电焊手套	自定	每工位 1
7	锉刀	自定	每工位 1
8	钢丝刷	自定	每工位 1
9	手锤	自定	每工位 1
10	刨锤	自定	每工位 1
11	敲渣锤	自定	每工位 1
12	纱布	自定	若干
13	角向磨光机	自定	每工位 1
14	直磨机	自定	每工位 1
15	防护眼镜	自定	每工位 1
16	护脚罩	自定	每工位 1
17	工作帽	自定	每工位 1
18	錾子	自定	每工位 1

四、考场准备

(1) 实际操作考场每个工位面积一般不少于 3 m^2。

(2) 考前应对设备、工位统一编号，使设备与工位编号相对应。

(3) 每个考试工位应配备单相 220V 电源插座，工位内的电缆线应符合安全要求。

(4) 考场内必须有良好的通风设备，照明良好，安全设施齐全。

(5) 每个工位内应设有焊接操作台或操作架。

(6) 工位与工位之间应设置挡板，以免考生之间互相影响，挡板高度应不低于 1.5 m。

五、操作要求

1. 操作技术说明

装配及技术要求：考生根据实际概况进行装配焊接，焊接工艺规范、焊接操作及技术要求由考生自己掌握，要求单面焊双面成形。

2. 操作规定说明

（1）考前 15 *min* 发给考生图样和试件，在考评人员监督下进行焊前准备和组装。

（2）所以焊接材料必须按考试管理制度领用，试件统一打钢印。

（3）坡口清理及焊接工艺参数选择由焊工独立操作。

（4）焊接结束后，应去除熔渣，保持焊缝原始状态，不允许补焊、修磨及试件调平。

（5）板对接试件两端 20 mm 范围内不做考核检测。

（6）严格按操作规程操作，做到工完、料净、场地清。

3. 否定项说明

（1）焊缝出现裂纹、未融合。

（2）焊接操作时任意更改焊接位置。

（3）焊缝原始表面被破坏。

（4）操作时间超过 90 min。

六、考试图纸

考核项目一：焊条电弧焊 V 型坡口大口径管对接水平固定焊

<table>
<tr><td>职业（工种）</td><td>焊工</td><td rowspan="2">等级</td><td rowspan="2">中级</td></tr>
<tr><td>职业代码</td><td></td></tr>
<tr><td colspan="4">试题一：V 型坡口大口径管对接水平固定焊
材料：20＃无缝钢管。单位：mm。
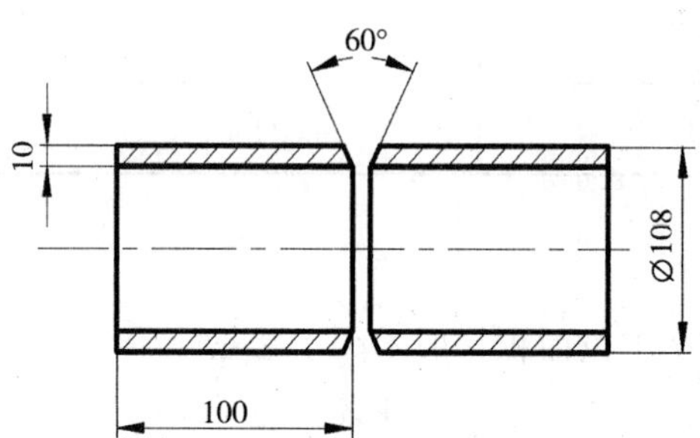

技术要求：
1. 定位焊在坡口内，且不可定位在钟表上 5～7 点钟位置。数量 2 处，每处≤10 mm。
2. 焊条 E5015，ϕ3.2mm 或 ϕ4.0 mm。
3. 钝边、间隙自定。单面焊双面成型。
4. 焊接时焊件最低点离地高 900～1100 mm。
5. 试件完成后，焊缝表面须是原始状态，故意加工、修磨焊缝表面不得分。
6. 故意浪费焊材、不文明操作、造成他人工伤者取消考试资格。</td></tr>
</table>

考核项目二：手工钨极氩弧焊 V 型坡口板对接立焊

职业（工种）	焊工	等级	中级
职业代码			

试题二：V 型坡口板对接立焊

材料：Q235A。

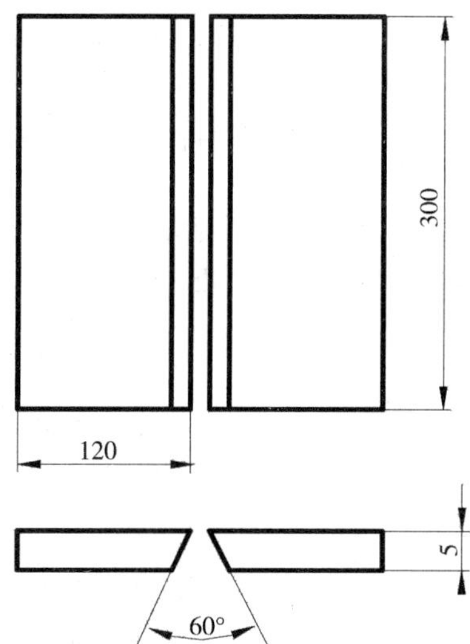

技术要求：

1. 定位焊在坡口内。数量 2 处，每处≤10 mm。
2. 焊丝 ER50-6，ϕ2.0 mm 或 ϕ2.5 mm。
3. 钝边、间隙自定。单面焊双面成型。
4. 焊接时焊件最低点离地高 600 mm。
5. 试件完成后，焊缝表面须是原始状态，故意加工、修磨焊缝表面不得分。
6. 故意浪费焊材、不文明操作、造成他人工伤者取消考试资格。

七、考核评分记录表

试题一：焊条电弧焊 V 型坡口大口径管对接水平固定焊评分表

准考证号________　　　　姓名________　　　　得分________

考核项目	考核要求	配分	评分标准	检测结果	得分
焊前准备	劳保着装及工具准备齐全，参数设置、设备调试正确并符合要求	4	劳保着装不符合要求，参数设置及工具不符合标准一项扣 1 分		
	试板外表清理、除锈	3	干净		
	试件定位焊尺寸、位置二处	3	定位焊长度≤10 mm		
外观检查	焊缝表面不允许有裂纹、未熔合、焊瘤、气孔、夹渣缺陷	10	有任何一项缺陷不得分		
	焊缝咬边深度≤0.5 mm，两侧咬边总长度不超过焊缝总长度的 15%	10	咬边深度≤0.5 mm，累计咬边长度每 5 mm 扣 1 分，超过 45 mm 不得分		
	未焊透≤15%δ，且≤0.5 mm，总长度不超过焊缝总长度的 10%	5	未焊透每 5 mm 扣 1 分，累计长度超过 30 mm 不得分		
	焊缝正面余高 0～3 mm，焊缝宽度比坡口每侧增宽 0.5～2.5 mm，宽度误差≤3 mm	10	每种尺寸超标一处扣 2 分，扣满 10 分为止		
	焊缝正面高度差	5	高度差≤1 mm 得 5 分，≤1～2 mm 得 2 分，2～3 mm 得 1 分		
	焊缝正面宽度差	5	宽度差≤1 mm 得 5 分，≤1～2 mm 得 2 分，＞2 mm 不得分		
	焊缝背面余高 0～2 mm	5	背面余高≤2 mm 得 5 分，＜0 mm 不得分		
	错边≤10%δ，焊后角变形 $\theta\leqslant 3^\circ$	5	错边＞0.4 mm 扣 2 分，焊后角变形 $\theta>3^\circ$ 扣 3 分		
内部质量	X 射线探伤	25	Ⅰ级片不扣分，Ⅱ级片扣 15 分，Ⅲ级片不得分		
其他	安全文明生产	10	设备工具复位，试件摆放整齐，场地清理干净，一处不符合要求扣 2 分		

试题二：手工钨极氩弧焊V型坡口板对接立焊评分表

准考证号________ 姓名________ 得分________

考核项目	考核要求	配分	评分标准	检测结果	得分
焊前准备	劳保着装及工具准备齐全，参数设备、设备调试正确并符合要求	4	劳保着装不符合要求，参数设备及工具不符合标准一项扣1分		
	试板外表清理、除锈	3	干净		
	试件定位焊尺寸、位置二处	3	定位焊长度≤10 mm		
外观检查	焊缝表面不允许有裂纹、未熔合、焊瘤、气孔、夹钨缺陷	10	有任何一项缺陷不得分		
	焊缝咬边深度≤0.5 mm，两侧咬边总长度不超过焊缝总长度的15%	10	咬边深度≤0.5 mm，累计咬边长度每5 mm扣1分，超过25 mm不得分		
	未焊透≤15%δ，且≤0.5 mm，总长度不超过焊缝总长度的10%	5	未焊透每1 mm扣2分，累计长度超过10 mm不得分		
	焊缝正面余高0～3 mm，焊缝宽度比坡口每侧增宽0.5～1 mm，宽度误差≤1.5 mm	10	余高≤1 mm得4分，1～2 mm得2分，≤3 mm得1分，<0 mm、>3 mm均不得分。其余尺寸超标一处扣2分，扣满10分为止		
	焊缝正面高度差	5	高度差≤1 mm得5分，≤1～2 mm得2分，≤3 mm得1分		
	焊缝正面宽度差	5	宽度差≤1 mm得5分，≤1～2 mm得2分，>2 mm不得分		
	焊缝背面余高0～2 mm	5	背面余高0～2 mm得5分，<0 mm不得分		
	错边≤10%δ，焊后角变形$\theta \leq 3°$	5	错边>0.4 mm扣2分，焊后角变形$\theta > 3°$扣3分		
内部质量	X射线探伤	25	Ⅰ级片不扣分，Ⅱ级片扣15分，Ⅲ级片不得分		
其他	安全文明生产	10	设备工具准确复位，试件摆放整齐，场地清理干净，一处不符合要求扣2分		

试卷（二）

一、设备准备

序号	设备名称	规格	数量	备注
1	直流焊机	ZX7-400	每工位 1 台	
2	二氧化碳焊机	NBC-350	每工位 1 台	
3	焊条烘干箱	自定	1～2 台	
4	焊条保温筒	自定	每工位 1 台	

二、材料准备

序号	材料名称	规格（mm）	数量（每人）	备注
1	Q345A	120×120 （中心开 40°±3°坡口）	1 件	
2	20＃无缝钢管	ϕ60×5×80	1 件	
3	Q345A	300×120×12 300×100×12	各 1 件	
4	焊条 E5015	ϕ3.2 或 ϕ4.0	满足要求	
5	焊丝 H08Mn2SiA	ϕ1.2	满足要求	

三、工、量、刃具准备

序号	工具名称	规格	数量（件）
1	焊缝检验尺	HJC-40	不少于 3
2	低倍放大镜	5～10 倍	不少于 3
3	钢板尺	≥200mm	自定
4	钢印	自定	不少于 2
5	电焊面罩	自定	每工位 1
6	电焊手套	自定	每工位 1
7	锉刀	自定	每工位 1

续 表

序号	工具名称	规格	数量（件）
8	钢丝刷	自定	每工位 1
9	手锤	自定	每工位 1
10	刨锤	自定	每工位 1
11	敲渣锤	自定	每工位 1
12	纱布	自定	若干
13	角向磨光机	自定	每工位 1
14	直磨机	自定	每工位 1
15	防护眼镜	自定	每工位 1
16	护脚罩	自定	每工位 1
17	工作帽	自定	每工位 1
18	錾子	自定	每工位 1

四、考场准备

（1）实际操作考场每个工位面积一般不少于 3 m^2。

（2）考前应对设备、工位统一编号，使设备与工位编号相对应。

（3）每个考试工位应配备单相 220 V 电源插座，工位内的电缆线应符合安全要求。

（4）考场内必须有良好的通风设备，照明良好，安全设施齐全。

（5）每个工位内应设有焊接操作台或操作架。

（6）工位与工位之间应设置挡板，以免考生之间互相影响，挡板高度应不低于 1.5 m。

五、操作要求

1. 操作技术说明

装配及技术要求：考生根据实际概况进行装配焊接，焊接工艺规范、焊接操作及技术要求由考生自己掌握，要求单面焊双面成形。

2. 操作规定说明

（1）考前 15 min 发给考生图样和试件，在考评人员监督下进行焊前准备和组装。

（2）所以焊接材料必须按考试管理制度领用，试件统一打钢印。

（3）坡口清理及焊接工艺参数选择由焊工独立操作。

（4）焊接结束后，应去除熔渣，保持焊缝原始状态，不允许补焊、修磨及试件调平。

（5）板对接试件两端 20 mm 范围内不作考核检测。

(6) 严格按操作规程操作，做到工完、料净、场地清。

3. 否定项说明

(1) 焊缝出现裂纹、未融合。

(2) 焊接操作时任意更改焊接位置。

(3) 焊缝原始表面被破坏。

(4) 操作时间超过 90 min。

六、考试图纸

考核项目一：焊条电弧焊插入式 V 型坡口管板角接俯位焊

职业（工种）	焊工	等级	中级
职业代码			

试题一：插入式管板角接俯位焊

材料：20# 无缝钢管。

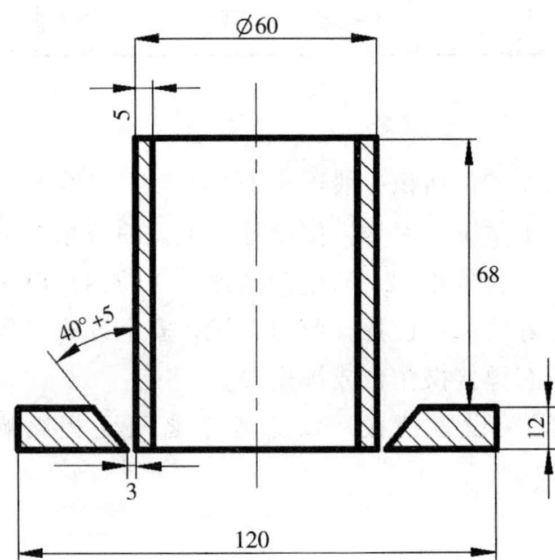

技术要求：

1. 定位焊在坡口内。数量 2 处，每处≤10 mm。
2. 焊条 E5015，ϕ3.2 mm 或 ϕ4.0 mm。
3. 钝边、间隙自定。单面焊双面成型。
4. 焊接时焊件最低点离地高 200～300 mm。
5. 试件完成后，焊缝表面须是原始状态，故意加工、修磨焊缝表面不得分。
6. 故意浪费焊材、不文明操作、造成他人工伤者取消考试资格。

考核项目二：二氧化碳气体保护焊 V 型坡口板 T 型立角焊

<table>
<tr><td>职业（工种）</td><td>焊工</td><td rowspan="2">等级</td><td rowspan="2">中级工</td></tr>
<tr><td>职业代码</td><td></td></tr>
</table>

试题二：板一板 T 型立角焊

材料：Q235A。

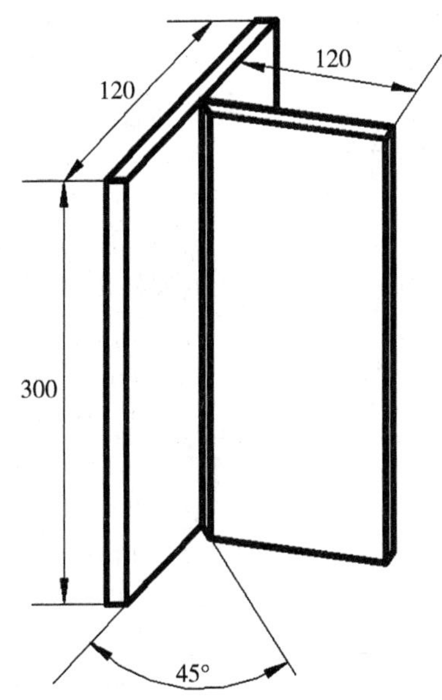

技术要求：

1. 定位焊在坡口背面。数量 2 处，每处≤10 mm。
2. 焊丝：H08Mn2SiA，ϕ1.2 mm。
3. 钝边、间隙自定。单面焊双面成型。
4. 焊接时焊件最低点离地高 200～300 mm。
5. 试件完成后，焊缝表面须是原始状态，故意加工、修磨焊缝表面不得分。
6. 故意浪费焊材、不文明操作、造成他人工伤者取消考试资格。

七、考核评分记录表

试题一：焊条电弧焊插入式V型坡口管板角接垂直固定焊评分表

准考证号________　　　　姓名________　　　　得分________

考核项目	考核要求	配分	评分标准	检测结果	得分
焊前准备	劳保着装及工具准备齐全，参数设备、设备调试正确并符合要求	4	劳保着装不符合要求，参数设备及工具不符合标准一项扣1分		
	试板外表清理、除锈	3	干净		
	试件定位焊尺寸、位置二处	3	定位焊长度≤10 mm		
外观检查	焊缝表面不允许有裂纹、未熔合、焊瘤、气孔、夹渣缺陷	5	有任何一项缺陷不得分		
	焊缝咬边深度≤0.5 mm，两侧咬边总长度不超过焊缝总长度的15%	5	咬边深度≤0.5 mm，累计长度每5 mm扣1分，超过45 mm不得分		
	未焊透≤15%δ，且≤0 mm，总长度不超过焊缝总长度的10%	5	未焊透每5 mm扣1分，累计长度超过30 mm不得分		
	焊缝焊脚尺寸（K1）	5	焊脚13 mm～14 mm得5分，14.1 mm～15 mm得3分，>15 mm不得分		
	焊缝正面K1差	5	≤1 mm得5分，1.1～2 mm得3分，≤3 mm得1分		
	焊缝焊脚尺寸（K2）	5	焊脚13 mm～14 mm得5分，14.1 mm～15 mm得3分，>15 mm不得分		
	焊缝正面K2差	5	≤1 mm得3分，1.1～2 mm得2分，≤3 mm得1分		
	焊缝焊脚尺寸差（K1～K2）或（K2～K1）	5	宽度差≤1 mm得5分，1.1～2 mm得3分，>2 mm得1分		
	焊缝正面凹凸度	5	≤2 mm得4分，>2 mm得1分		
	焊缝背面高度	5	背面余高≤2 mm得5分，<0 mm不得分		
	焊缝背面高度差	3	高度差≤1 mm得3分，1.1～2 mm得2分，>2 mm不得分		
	焊后角变形$\theta \leq 3^{\circ}$	2	焊后角变形$\theta > 3^{\circ}$扣1分		
内部质量	宏观金相	25	无缺陷不扣分，气孔、夹渣≤0.5 mm每个扣5分，>0.5 mm每个扣10分		
其他	安全文明生产	10	设备工具复位，试件摆放整齐，场地清理干净，一处不符合要求扣2分		

试题二：二氧化碳气体保护焊 V 型坡口板 T 型立角焊评分表

准考证号________　　姓名________　　得分________

考核项目	考核要求	配分	评分标准	检测结果	得分
焊前准备	劳保着装及工具准备齐全，参数设置、设备调试正确并符合要求	4	劳保着装不符合要求，参数设置及工具不符合标准一项扣1分		
	试板外表清理、除锈	3	干净		
	试件定位焊尺寸、位置二处	3	定位焊长度≤10 mm		
外观检查	焊缝表面不允许有裂纹、未熔合、焊瘤、气孔、夹渣缺陷	10	有任何一项缺陷不得分		
	焊缝咬边深度≤0.5 mm，两侧咬边总长度不超过焊缝总长度的15%	5	咬边深度≤0.5 mm，累计长度每 5 mm 扣 1 分，超过 45 mm 不得分		
	未焊透≤15% δ，且≤0.5 mm，总长度不超过焊缝总长度的10%	5	未焊透每 5 mm 扣 1 分，累计长度超过 30 mm 不得分		
	焊缝焊脚尺寸	10	焊脚 13 mm～14 mm 得 7 分，14.1 mm～15 mm 得 3 分，>15 mm 不得分		
	焊缝正面焊脚尺寸差	5	≤1 mm 得 3 分，1.1～2 mm 得 2 分，≤3 mm 不得分		
	焊缝正面凹凸度	5	≤2 mm 得 4 分，得 1 分		
	焊缝背面高度	5	背面余高 0～2 mm 得 5 分，<0 mm 不得分		
	焊缝背面高度差	5	高度差≤1 mm 得 3 分，1.1～2 mm 得 2 分，>2 mm 不得分		
	焊后角变形 $\theta\leq3^\circ$	5	焊后角变形 $\theta>3^\circ$扣 1 分		
内部质量	宏观金相	25	无缺陷不扣分，气孔、夹渣≤0.5 mm 每个扣 5 分，>0.5 mm 每个扣 10 分		
其他	安全文明生产	10	设备工具复位，试件摆放整齐，场地清理干净，一处不符合要求扣 2 分		

附录二　焊工（高级工）技能操作试卷

试卷（一）

一、设备准备

序号	设备名称	规格	数量	备注
1	直流焊机	ZX7-400	每工位1台	
2	氩弧焊机	WS-400	每工位1台	
3	焊条烘干箱	自定	1～2台	
4	焊条保温筒	自定	每工位1台	

二、材料准备

序号	材料名称	规格（mm）	数量（每人）	备注
1	Q345A	300×125×12	2件	
2	20#无缝钢管	ϕ60×5×120	2件	
3	焊条E5015	ϕ3.2或ϕ4.0	满足要求	
4	焊丝ER50－6	ϕ2.0或ϕ2.5	满足要求	
5	钨极	ϕ2.4	满足要求	

三、工、量、刃具准备

序号	工具名称	规格	数量（件）
1	焊缝检验尺	HJC-40	不少于3
2	低倍放大镜	5～10倍	不少于3
3	钢板尺	≥200 mm	自定
4	钢印	自定	不少于2
5	电焊面罩	自定	每工位1

续 表

序号	工具名称	规格	数量（件）
6	电焊手套	自定	每工位 1
7	锉刀	自定	每工位 1
8	钢丝刷	自定	每工位 1
9	手锤	自定	每工位 1
10	刨锤	自定	每工位 1
11	敲渣锤	自定	每工位 1
12	纱布	自定	若干
13	角向磨光机	自定	每工位 1
14	直磨机	自定	每工位 1
15	防护眼镜	自定	每工位 1
16	护脚罩	自定	每工位 1
17	工作帽	自定	每工位 1
18	錾子	自定	每工位 1

四、考场准备

（1）实际操作考场每个工位面积一般不少于 3 m^2。

（2）考前应对设备、工位统一编号，使设备与工位编号相对应。

（3）每个考试工位应配备单相 220 V 电源插座，工位内的电缆线应符合安全要求。

（4）考场内必须有良好的通风设备，照明良好，安全设施齐全。

（5）每个工位内应设有焊接操作台或操作架。

（6）工位与工位之间应设置挡板，以免考生之间互相影响，挡板高度应不低于 1.5 m。

五、操作要求

1. 操作技术说明

装配及技术要求：考生根据实际概况进行装配焊接，焊接工艺规范、焊接操作及技术要求由考生自己掌握，要求单面焊双面成形。

2. 操作规定说明

（1）考前 15 min 发给考生图样和试件，在考评人员监督下进行焊前准备和组装。

（2）所以焊接材料必须按考试管理制度领用，试件统一打钢印。

(3) 坡口清理及焊接工艺参数选择由焊工独立操作。

(4) 焊接结束后，应去除熔渣，保持焊缝原始状态，不允许补焊、修磨及试件调平。

(5) 板对接试件两端 20 mm 范围内不作考核检测。

(6) 严格按操作规程操作，做到工完、料净、场地清。

3. 否定项说明

(1) 焊缝出现裂纹、未融合。

(2) 焊接操作时任意更改焊接位置。

(3) 焊缝原始表面被破坏。

(4) 操作时间超过 90 min。

六、考试图纸

考核项目一：焊条电弧焊 V 型坡口板对接仰焊

职业（工种）	焊工	等级	高级工
职业代码			

试题一：焊条电弧焊 V 型坡口板异种钢对接立焊

材料：Q235A。

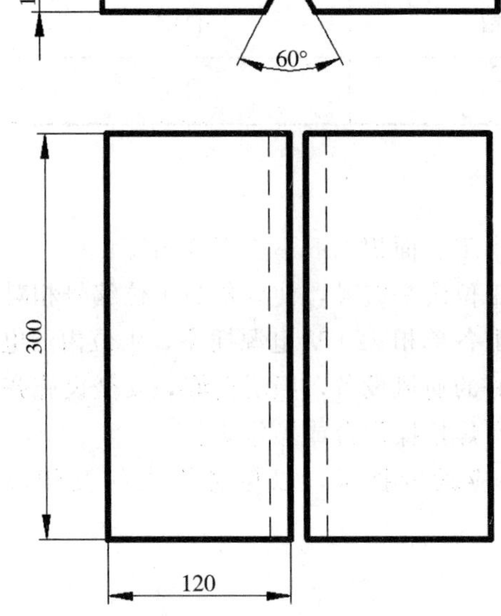

技术要求：

1. 定位焊在坡口内。数量 2 处，每处≤10 mm。
2. 焊条 E5015，ϕ3.2 mm 或 ϕ4.0 mm。
3. 钝边、间隙自定。单面焊双面成形。
4. 焊接时焊件最低点离地高 350～550 mm。
5. 试件完成后，焊缝表面须是原始状态，故意加工、修磨焊缝表面不得分。
6. 故意浪费焊材、不文明操作、造成他人工伤者取消考试资格。

考核项目二：手工钨极氩弧焊 V 型坡口小口径管对接垂直固定加障碍焊

<table>
<tr><td>职业（工种）</td><td>焊工</td><td rowspan="2">等级</td><td rowspan="2">高级工</td></tr>
<tr><td>职业代码</td><td></td></tr>
<tr><td colspan="4">

试题二：V 型坡口小口径管对接垂直固定加障碍焊
材料 20# 无缝钢管。

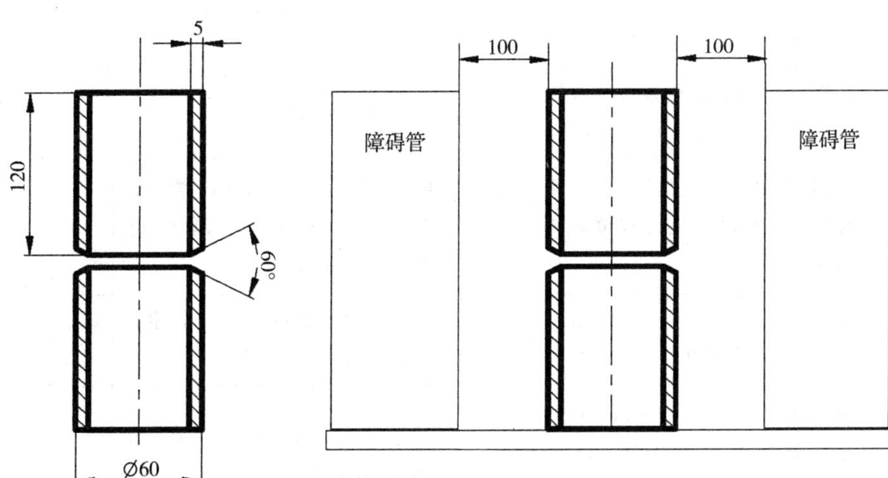

技术要求：
1. 定位焊在坡口内。数量 2 处，每处≤10 mm。
2. 焊丝 ER50-6，ϕ2.0 mm 或 ϕ2.5 mm。
3. 钝边、间隙自定。单面焊双面成型。
4. 焊接时焊件最低点离地高 500 mm。有障碍。
5. 试件完成后，焊缝表面须是原始状态，故意加工、修磨焊缝表面不得分。
6. 故意浪费焊材、不文明操作、造成他人工伤者取消考试资格。

</td></tr>
</table>

七、考核评分记录表

试题一：焊条电弧焊 V 型坡口板对接仰焊评分表

准考证号________ 姓名________ 得分________

考核项目	考核要求	配分	评分标准	检测结果	得分
焊前准备	劳保着装及工具准备齐全，参数设备、设备调试正确并符合要求	4	劳保着装不符合要求，参数设备及工具不符合标准一项扣1分		
	试板外表清理、除锈	3	干净		
	试件定位焊尺寸、位置二处	3	定位焊长度≤10 mm		
外观检查	焊缝表面不允许有裂纹、未熔合、焊瘤、气孔、夹渣缺陷	10	有任何一项缺陷不得分		
	焊缝咬边深度≤0.5 mm，两侧咬边总长度不超过焊缝总长度的15%	5	咬边深度≤0.5 mm，累计长度每 5 mm 扣 1 分，超过45 mm 不得分		
	未焊透≤15%δ，且≤0.5 mm，总长度不超过焊缝总长度的10%	5	未焊透每 5 mm 扣 1 分，累计长度超过 30 mm 不得分		
	焊缝正面余高 0～3 mm，焊缝宽度比坡口每侧增宽 0.5～2.5 mm，宽度误差≤3 mm	10	每种尺寸超标一处扣 2 分，扣满 10 分为止		
	焊缝正面高度差	5	高度差≤1 mm 得 3 分，≤1.1～2 mm 得 2 分，≤3 mm 得 1 分		
	焊缝正面宽度差	5	宽度差≤1 mm 得 3 分，1.1～2 mm 得 2 分，>2 mm 不得分		
	焊缝背面余高 0～2 mm	5	背面余高 0～2 mm 分得，<0 mm 不得分		
	错边≤10%δ，焊后角变形θ≤3°	5	错边>0.5 mm 扣 2 分，焊后角变形θ>3°扣 3 分		
内部质量	X 射线探伤	25	Ⅰ级片不扣分，Ⅱ级片扣 15 分，Ⅲ级片不得分		
	弯曲试验正反弯	5	合格不扣分，不合格不得分		
其他	安全文明生产	10	设备工具复位，试件摆放整齐，场地清理干净，一处不符合要求扣 1 分		

试题二：手工钨极氩弧焊 V 型坡口小口径管对接垂直固定加障碍焊评分表

准考证号________　　姓名________　　得分________

考核项目	考核要求	配分	评分标准	检测结果	得分
焊前准备	劳保着装及工具准备齐全，参数设备、设备调试正确并符合要求	4	劳保着装不符合要求，参数设备及工具不符合标准一项扣1分		
	试板外表清理、除锈	3	干净		
	试件定位焊尺寸、位置二处	3	定位焊长度≤10 mm		
外观检查	焊缝表面不允许有裂纹、未熔合、焊瘤、气孔、夹钨缺陷	10	有任何一项缺陷不得分		
	焊缝咬边深度≤0.5 mm，两侧咬边总长度不超过焊缝总长度的15%	10	咬边深度≤0.5 mm，累计长度每5 mm扣1分，超过25 mm不得分		
	未焊透≤15%δ，且≤0.5 mm，总长度不超过焊缝总长度的10%	5	未焊透每1 mm扣2分，累计长度超过10 mm不得分		
	焊缝正面余高0～3 mm，焊缝宽度比坡口每侧增宽0.5～1 mm，宽度误差≤1.5 mm	10	余高≤1 mm得4分，≤1.1～2 mm得2分，≤3 mm得1分，<0 mm、>3 mm均不得分。其余尺寸超标一处扣2分，扣满10分为止		
	焊缝正面高度差	5	高度差≤1 mm得5分，1.1～2 mm得2分，≤3 mm得1分		
	焊缝正面宽度差	5	宽度差≤1 mm得5分，≤1.1～2 mm得2分，>2 mm不得分		
	焊缝背面成型	5	通球：球直径＝60×85%＝51 mm，合格5分，不合格0分		
	错边≤10%δ，焊后角变形θ≤3°	5	错边>0.5 mm扣2分，焊后角变形θ>3°扣3分		
内部质量	X射线探伤	25	Ⅰ级片不扣分，Ⅱ级片扣15分，Ⅲ级片不得分		
其他	安全文明生产	10	设备工具复位，试件摆放整齐，场地清理干净，一处不符合要求扣1分		

试卷（二）

一、设备准备

序号	设备名称	规格	数量	备注
1	直流焊机	ZX7-400	每工位 1 台	
2	二氧化碳焊机	NBC-350	每工位 1 台	
3	焊条烘干箱	自定	1～2 台	
4	焊条保温筒	自定	每工位 1 台	

二、材料准备

序号	材料名称	规格（mm）	数量（每人）	备注
1	Q345A	120×120 （中心开 40°±3°坡口）	1 件	
2	20＃无缝钢管	ϕ60×5×80	1 件	
3	Q345A	300×125×12	2 件	
4	焊条 E5015	ϕ3.2 或 ϕ4.0	满足要求	
5	焊丝 H08Mn2SiA	ϕ1.2	满足要求	

三、工、量、刃具准备

序号	工具名称	规格	数量（件）
1	焊缝检验尺	HJC-40	不少于 3
2	低倍放大镜	5～10 倍	不少于 3
3	钢板尺	≥200 mm	自定
4	钢印		不少于 2
5	电焊面罩	自定	每工位 1
6	电焊手套	自定	每工位 1
7	锉刀	自定	每工位 1
8	钢丝刷	自定	每工位 1

续 表

序号	工具名称	规格	数量（件）
9	手锤	自定	每工位 1
10	刨锤	自定	每工位 1
11	敲渣锤	自定	每工位 1
12	纱布	自定	若干
13	角向磨光机	自定	每工位 1
14	直磨机	自定	每工位 1
15	防护眼镜	自定	每工位 1
16	护脚罩	自定	每工位 1
17	工作帽	自定	每工位 1
18	錾子	自定	每工位 1

四、考场准备

（1）实际操作考场每个工位面积一般不少于 3 m^2。

（2）考前应对设备、工位统一编号，使设备与工位编号相对应。

（3）每个考试工位应配备单相 220 V 电源插座，工位内的电缆线应符合安全要求。

（4）考场内必须有良好的通风设备，照明良好，安全设施齐全。

（5）每个工位内应设有焊接操作台或操作架。

（6）工位与工位之间应设置挡板，以免考生之间互相影响，挡板高度应不低于 1.5 m。

五、操作要求

1. 操作技术说明

装配及技术要求：考生根据实际概况进行装配焊接，焊接工艺规范、焊接操作及技术要求由考生自己掌握，要求单面焊双面成形。

2. 操作规定说明

（1）考前 15 min 发给考生图样和试件，在考评人员监督下进行焊前准备和组装。

（2）所以焊接材料必须按考试管理制度领用，试件统一打钢印。

（3）坡口清理及焊接工艺参数选择由焊工独立操作。

（4）焊接结束后，应除去熔渣，保持焊缝原始状态，不允许补焊、修磨及试件调平。

（5）板对接试件两端 20 mm 范围内不作考核检测。

（6）严格按操作规程操作，做到工完、料净、场地清。

3. 否定项说明

（1）焊缝出现裂纹、未融合。

（2）焊接操作时任意更改焊接位置。

（3）焊缝原始表面被破坏。

（4）操作时间超过 90 min。

六、考试图纸

考核项目一：焊条电弧焊插入式 V 型坡口管板角接仰焊

职业（工种）	焊工	等级	高级工
职业代码			

试题一：插入式管板角接仰焊

材料：20# 无缝钢管。

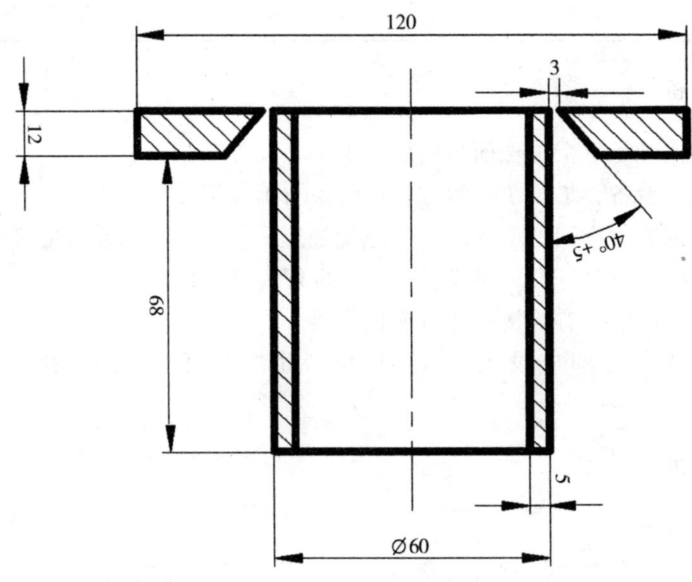

技术要求：

1. 定位焊在坡口内。数量 2 处，每处≤10 mm。
2. 焊条 E5015，ϕ3.2 mm 或 ϕ4.0 mm。
3. 钝边、间隙自定。单面焊双面成型。
4. 焊接时焊件最低点离地高 750～950 mm。
5. 试件完成后，焊缝表面须是原始状态，故意加工、修磨焊缝表面不得分。
6. 故意浪费焊材、不文明操作、造成他人工伤者取消考试资格。

考核项目二：二氧化碳气体保护焊 V 型坡口板对接 45°倾斜固定焊

<table>
<tr><td>职业（工种）</td><td>焊工</td><td rowspan="2">等级</td><td rowspan="2">高级工</td></tr>
<tr><td>职业代码</td><td></td></tr>
<tr><td colspan="4">

试题二：V 型坡口板对接 45°倾斜固定焊
材料：Q345A。

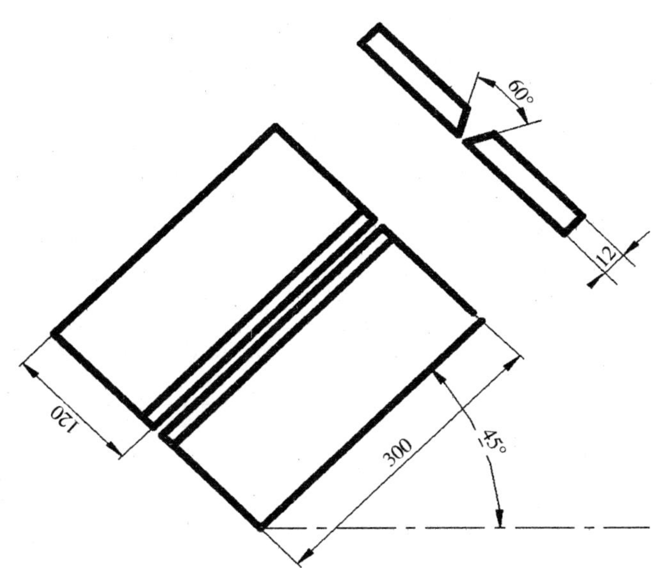

技术要求：
1. 定位焊在坡口内。数量 2 处，每处≤10 mm。
2. 焊丝 H08Mn2SiA，ϕ1.2 mm。
3. 钝边、间隙自定。单面焊双面成型。
4. 焊接时焊件最低点离地高 550 mm。
5. 试件完成后，焊缝表面须是原始状态，故意加工、修磨焊缝表面不得分。
6. 故意浪费焊材、不文明操作、造成他人工伤者取消考试资格。
</td></tr>
</table>

七、考核评分记录表

试题一：焊条电弧焊插入式 V 型坡口管板角接仰焊评分表

准考证号________　　姓名________　　得分________

考核项目	考核要求	配分	评分标准	检测结果	得分
焊前准备	劳保着装及工具准备齐全，参数设备、设备调试正确并符合要求	4	劳保着装不符合要求，参数设备及工具不符合标准一项扣 1 分		
	试板外表清理、除锈	3	干净		
	试件定位焊尺寸、位置二处	3	定位焊长度≤10 mm		
外观检查	焊缝表面不允许有裂纹、未熔合、焊瘤、气孔、夹渣缺陷	5	有任何一项缺陷不得分		
	焊缝咬边深度≤0.5 mm，两侧咬边总长度不超过焊缝总长度的 15%	5	咬边深度≤0.5 mm，累计长度每 5 mm 扣 1 分，超过 45 mm 不得分		
	未焊透≤15%δ，且≤0.5 mm，总长度不超过焊缝总长度的 10%	5	未焊透每 5 mm 扣 1 分，累计长度超过 30 mm 不得分		
	焊缝焊脚尺寸（K1）	5	焊脚 13 mm～14 mm 得 5 分，14.1 mm～15 mm 得 3 分，>15 mm 不得分		
	焊缝正面 K1 差	5	≤1 mm 得 5 分，1.1～2 mm 得 2 分，≤3 mm 得 1 分		
	焊缝焊脚尺寸（K2）	5	焊脚 13 mm～14 mm 得 5 分，14.1 mm～15 mm 得 3 分，>15 mm 不得分		
	焊缝正面 K2 差	5	≤1 mm 得 5 分，1.1～3 mm 得 2 分，>3 mm 得 1 分		
	焊缝焊脚尺寸差（K1～K2）或（K2～K1）	5	宽度差≤1 mm 得 5 分，≤2 mm 得 3 分，>2 mm 得 1 分		
	焊缝正面凹凸度	5	1.1～2 mm 得 5 分，>2 mm 得 1 分		
	焊缝背面高度	5	背面余高 0～2 mm 得 5 分，<0 mm 不得分		
	焊缝背面高度差	3	高度差≤1 mm 得 3 分，1.1～2 mm 得 2 分，>2 mm 不得分		
	焊后角变形 $\theta\leqslant3°$	2	焊后角变形 $\theta>3°$扣 1 分		
内部质量	宏观金相	25	无缺陷不扣分，气孔、夹渣≤0.5 mm 每个扣 5 分，>0.5 mm 每个扣 10 分		
其他	安全文明生产	10	设备工具复位，试件摆放整齐，场地清理干净，一处不符合要求扣 1 分		

试题二：二氧化碳气体保护焊V型坡口板对接45°倾斜固定焊评分表

准考证号________ 姓名________ 得分________

考核项目	考核要求	配分	评分标准	检测结果	得分
焊前准备	劳保着装及工具准备齐全，参数设备、设备调试正确并符合要求	4	劳保着装不符合要求，参数设备及工具不符合标准一项扣1分		
	试板外表清理、除锈	3	干净		
	试件定位焊尺寸、位置二处	3	定位焊长度≤10 mm		
外观检查	焊缝表面不允许有裂纹、未熔合、焊瘤、气孔、夹渣缺陷	10	有任何一项缺陷不得分		
	焊缝咬边深度≤0.5 mm，两侧咬边总长度不超过焊缝总长度的15%	10	咬边深度≤0.5 mm，累计长度每5 mm扣1分，超过25 mm不得分		
	未焊透≤15%δ，且≤0.5 mm，总长度不超过焊缝总长度的10%	5	未焊透每1 mm扣2分，累计长度超过10 mm不得分		
	焊缝正面余高0～3 mm，焊缝宽度比坡口每侧增宽0.5～1 mm，宽度误差≤1.5 mm	10	余高≤1 mm得4分，1.1～2 mm得2分，≤2 mm得1分，<0 mm、>3 mm均不得分。其余尺寸超标一处扣2分，扣满10分为止		
	焊缝正面高度差	5	高度差≤1 mm得5分，1.1～2 mm得2分，>2 mm得1分		
	焊缝正面宽度差	5	宽度差≤1 mm得5分，1.1～2 mm得2分，>2 mm不得分		
	焊缝背面余高0～2 mm	5	背面余高≤2 mm得5分，<0 mm不得分		
	错边≤10%δ，焊后角变形θ≤3°	5	错边>0.5 mm扣2分，焊后角变形θ>3°扣3分		
内部质量	X射线探伤	25	Ⅰ级片不扣分，Ⅱ级片扣15分，Ⅲ级片不得分		
其他	安全文明生产	10	设备工具复位，试件摆放整齐，场地清理干净，一处不符合要求扣1分		

附录三　焊工（中级工）理论知识试卷

一、选择题

1. 从我国历史和国情出发，社会主义职业道德建设要坚持的最根本的原则是(　　)。

A. 人道主义　　B. 爱国主义　　C. 社会主义　　D. 集体主义

2. 下列关于德才兼备的说法中不正确的是(　　)。

A. 按照职业道德的准则行动，是德才兼备的一个基本尺度

B. 德才兼备的人应当对职业有热情，参与服从各种规章制度

C. 德才兼备的才能包括专业和素质两个主要方面

D. 德才兼备中才能具有决定性的作用

3. 企业信誉的基础是(　　)。

A. 效低的价格　　B. 较高的产量

C. 良好的产品质量和服务　　D. 较多的社会关系

4. 职业道德的“五个要求”，既包含基础性的要求，也有较高的要求。其中，最基本的要求是(　　)。

A. 爱岗敬业　　B. 诚实守信　　C. 服务群众　　D. 办事公道

5. 在焊工岗位上，拥有焊工上岗证，体现了职业化技能被认可，属于职业技能认证中的(　　)。

A. 职业资质认证　　B. 资格认证　　C. 社会认证　　D. 职业责任

6. 职业活动中，有的从业人员将享乐与劳动、奉献、创造对立起来，甚至为了追求个人享乐，不惜损害他人和社会利益。这些人所持的理念属于(　　)。

A. 极端个人主义的价值观　　B. 拜金主义的价值观

C. 享乐主义的价值观　　D. 小团体主义的价值观

7. 关于道德与法律，正确的说法是(　　)。

A. 在法律健全完善的社会，不需要道德

B. 由于道德不具备法律那样的强制性，所以道德的社会功用不如法律

C. 在人类历史上，道德与法律同时产生

D. 在一定条件下，道德与法律能够相互作用、相互转化

8. 焊工应(　　)，但他不属于焊工职业守则。

A. 重视安全生产　　B. 严于律己，吃苦耐劳

C. 认真学习专业知识　　D. 参加社会公益劳动

9. 下列关于敬业精神的说法中，不正确的是(　　)。

A. 在职业活动中，敬业是人们对从业人员的最根本、最核心的要求

B. 敬业是职业活动的灵魂，是从业人员的安身立命之本

C. 敬业是一个人做好工作、取得事业成功的保证

D. 对从业人员来说，敬业一般意味着将会失去很多工作和生活的乐趣

10. 以下关于“爱岗”与“敬业”之间关系的说法中，正确的是(　　)。

A. 虽然“爱岗”与“敬业”并非截然对立，却是难以融合的

B. “敬业”存在心中，不必体现在“爱岗”上

C. “爱岗”与“敬业”在职场生活中是辩证统一的

D. “爱岗”不一定要“敬业”，因为“敬业”是精神需求

11. 齐家、治国、平天下的先决条件是(　　)。

A. 修身　　B. 自励　　C. 节俭　　D. 诚信

12. 要想立足社会并成就一番事业，从业人员除了要刻苦学习现代专业知识和技能外，还需要(　　)。

A. 搞好人际关系　　B. 得到领导的赏识

C. 加强职业道德修养　　D. 建立自己的小集团

13. 职业道德建设的核心是(　　)。

A. 服务群众　　B. 爱岗敬业　　C. 办事公道　　D. 奉献社会

14. 电光性眼炎的发病要经过一定的潜伏期，一般发病在受照后(　　)。

A. 2～3 h　　B. 4～5 h　　C. 6～8 h　　D. 9～10 h

15. 焊接场地应保持必要的通道，人行通道宽度应不小于(　　)m。

A. 0.5　　B. 1　　C. 1.5　　D. 2

16. 施焊前，焊工应对设备进行安全检查，但(　　)不是施焊前设备安全检查的内容。

A. 机壳保护接地或接零是否可靠　　B. 电焊机一次电源线的绝缘是否完好

C. 焊接电缆的绝缘是否完好　　D. 电焊机内部灰尘多不多

17. 物体的正面投影称为(　　)。

A. 俯视图　　B. 主视图　　C. 左视图　　D. 轴侧视图

18. 俯视图确定了物体前、后、左、右四个不同部位，反映了物体的(　　)。

A. 高度和长度　　B. 高度和宽度　　C. 宽度和长度　　D. 宽度和厚度

19. 在机械制图中，物体的侧面投影称为(　　)。

A. 主视图　　B. 俯视图　　C. 左视图　　D. 仰视图

20. 如下图所示，正确的剖面图是(　　)。

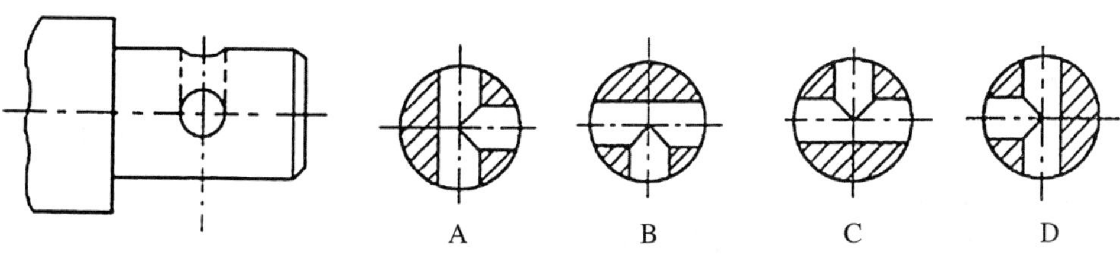

21. 内螺纹终止线用(　　)画出，剖面线画到牙顶的粗实线处。

A. 粗实线　　B. 细实线　　C. 虚线　　D. 点画线

22. 读零件图，目的是为了(　　)。

A. 了解零件的所有尺寸　　B. 了解各零件之间装配关系及拆装

C. 了解各零件作用、传动路线　　D. 了解机器或部件的名称、工作原理

23. $\phi 30$ mm 圆钢，比重为 7.8 g/cm^3，长度为 0.8 m，其重量为(　　)kg。

A. 4.4　　B. 5.2　　C. 3　　D. 6.2

24. 梯形螺纹的牙型代号(　　)

A. P　　B. M　　C. G　　D. T_r

25. 原子杂乱无序，作规则排列的物质称为(　　)。

A. 非晶体　　B. 晶体　　C. 分子　　D. 离子

26. 在 910—1390 ℃的(　　)晶格的铁称为 γ-Fe。

A. 面心立方　　B. 体心立方　　C. 面心正方　　D. 体心正方

27. 渗碳体是铁和碳的化合物，分子式为(　　)，其性能硬而脆。

A. FeC　　B. Fe_2C　　C. Fe_3C　　D. $F_{e4}C$

28. 将钢加热到 A_3 以上或 A_1 左右一定温度，保温后缓慢（一般随炉冷却）而均匀冷却的热处理方法称为退火，它可以(　　)。

A. 提高钢的硬度、提高塑性　　B. 降低钢的硬度、提高塑性

C. 提高钢的硬度、降低塑性　　D. 降低钢的硬度、降低塑性

29. 珠光体耐热钢焊条电弧焊焊后应立即进行(　　)。

A. 中温回火　　B. 高温回火　　C. 退火　　D. 正火

30. A_1 线表示 Fe-C 合金缓慢冷却时由奥氏体变为(　　)的温度线。

A. 莱氏体　　B. 铁素体　　C. 珠光体　　D. 渗碳体

31. 铁碳合金平衡状态图中，碳质量分数 4.3%，温度(　　)℃的点，称为共晶点。

A. 1148　　B. 910　　C. 727　　D. 650

32. (　　)金属材料在冲击载荷（指突然增加的载荷）作用下抵抗破坏的能力。

A. 强度　　B. 硬度　　C. 塑性　　D. 韧性

33. 碳钢中除含有(　　)元素外，还有少量的硅、锰、硫、磷等杂质。

A. 铁、碳　　B. 铬、碳　　C. 钼、碳　　D. 镍、碳

34. 牌号为 20 钢，表示碳的质量分数平均为(　　)的优质碳素结构钢。

A. 0.20%　　B. 2%　　C. 20%　　D. 0.002%

35. 碳素结构钢的牌号由代表屈服点字母、(　　)、质量等级符号、脱氧方法符号等四个部分按顺序组成。

A. 硫含量　　B. 磷含量　　C. 碳含量　　D. 屈服点数值

36. 优质碳素结构钢的牌号用二位阿拉伯数字和规定符号表示，阿拉伯数字表示碳的质量分数的平均值(　　)。

A. 以十分之几计　　B. 以百分之几计　　C. 以千分之几计　　D. 以万分之几计

37. 碳的质量为(　　)的高级优质碳素工具钢。

A. 1.0%　　B. 10%　　C. 0.1%　　D. 0.01%

38. 碳素结构钢的牌号采用屈服点的字母“Q”、屈服点的数值和(　　)、脱氧方式等符号来表示。

A. 强度等级　　B. 物理性能　　C. 化学性能　　D. 质量等级

39. 高合金钢合金元素总含量(　　)。

A. $<5\%$　　B. $5\%\sim10\%$　　C. $>10\%$　　D. $>15\%$

40. 磷是一种有害物质，它在钢中以(　　)的形式存在，使钢的塑性和韧性下降，并能提高钢的脆性转变温度。

A. 硫化铁　　B. 磷化铁　　C. 锰铁　　D. 夹渣

41. 通常把三相电动势、电压和电流统称为(　　)。

A. 三相交流电　　B. 两相交流电　　C. 单相交流电　　D. 交流电

42. 影响触电伤害程度的主要因素，除了与通过人体的(　　)、持续时间和途径外，还与电流的种类、频率和人体状况有关。

A. 电感大小　　B. 电阻大小　　C. 电流大小　　D. 电压大小

43. 在一段无源电路中，电流的大小与电压成正比，而与(　　)，这就是部分电路欧姆定律。

A. 电阻率成正比　　B. 电阻率成反比　　C. 电阻值成正比　　D. 电阻值成反比

44. 导电体对电流的阻力叫做电阻，用符号(　　)表示。

A. R　　B. W　　C. H　　D. Q

45. 在并联电路中的总电阻值小于各并联电阻值，并联电阻越多其总电阻越小，电路中的总电流(　　)。

A. 不变　　B. 近似　　C. 越小　　D. 越大

46. 电流磁场的方向是由电流方向决定的，实践表明可以用(　　)来表示两者的关系。

A. 左手螺旋法则　　B. 右手螺旋法则　　C. 左手法则　　D. 欧姆法则

47. 在异步电动机中，旋转磁场是由三相对称电流和三相对称(　　)产生的。它的作用与旋转磁极的磁场相同。

A. 绕组　　B. 电阻　　C. 电压　　D. 频率

48. 运行中电压互感器的次级绕组严防发生短路现象，一般可采用(　　)作为保护。

A. 时间继电器　　B. 热继电器　　C. 熔断器　　D. 变压器

49. 对于手持式电动工具的绝缘电阻值不低于(　　)MΩ。

A. 1　　B. 2　　C. 3　　D. 4

50. 电表按其产生转动力矩原理不同分成磁电式、电磁式、(　　)等。

A. 手动式　　B. 自动式　　C. 机械式　　D. 电动式

51. 磷的元素符号是(　　)。

A. S　　B. P　　C. Mo　　D. Ni

52. 原子是由居于(　　)的带正电荷的原子核和核外带负电的电子构成的，原子本身呈中性。

A. 中心　　B. 包围　　C. 边缘　　D. 侧面

53. 所谓元素是指具有相同核电荷数（即质子数）的同一类原子的总称，目前只发现(　　)种元素，在地壳里分布最广的是氧元素。

A. 22　　B. 87　　C. 109　　D. 134

54. (　　)是含氧化合物里的氧被夺去的反应。

A. 氧化反应　　B. 中和反应　　C. 分解反应　　D. 还原反应

55. 在划线时用来确定零件各部件尺寸、几何形状及相对位置的依据称为(　　)。

A. 号料　　B. 划线基准　　C. 定位基准　　D. 放样

56. 将薄板工件的边缘卷曲成管状或压扁成叠边，可以有效地提高薄板工件的(　　)。

A. 刚性　　B. 弹性　　C. 塑性　　D. 硬度

57. 当拉伸系数越大时，材料的变形程度越(　　)。

A. 大　　B. 小　　C. 明显　　D. 不明显

58. 无芯弯管是在弯管机上利用(　　)来控制管子断面变形的。

A. 减少摩擦的方法　　B. 反变形法

C. 加大弯曲半径的方法　　D. 增加摩擦的方法

59. 电流频率在(　　)Hz 的交流电对人体的伤害最大。

A. 25～200　　B. 25～300　　C. 15～200　　D. 20～200

60. 触电的危险环境属于金属占有系数(　　)的环境。

A. 大于 40%　　B. 大于 30%　　C. 大于 20%　　D. 大于 10%

61. 对于潮湿而触电危险性较大的环境，我国规定安全电压为(　　)V。

A. 24　　B. 18　　C. 12　　D. 6

62. 焊接过程中造成焊工电光性眼炎是由于弧光中的(　　)辐射。

A. 紫外线　　B. 红外线　　C. 可见光　　D. X 射线

63. 焊接区内的臭氧是经过(　　)而产生的，臭氧是一种浅蓝色气体，具有强烈刺激性的腥臭味。

A. 高温光物理反应　　B. 高温光化学反应

C. 中温光化学反应　　D. 高温电化学反应

64. 国家标准规定，企业工作噪声不应超过(　　)dB。

A. 50　　B. 85　　C. 100　　D. 120

65. (　　)的主要作用是改善焊条引弧性能和提高焊接电弧的稳定性。

A. 增塑剂　　B. 造气剂　　C. 稳弧剂　　D. 造渣剂

66. 下列选项中，(　　)不是钛钙型焊条药皮的特点。

A. 焊条工艺性能良好　　B. 焊接烟尘和有毒气体多

C. 交、直流两用　　D. 适用于全位置焊接

67. 硫会使焊缝形成(　　)，所以必须脱硫。

A. 冷裂纹　　B. 热裂纹　　C. 气孔　　D. 夹渣

68. 焊接 15CrMo 时，焊条应选用(　　)。

A. J557　　B. R207　　C. R307　　D. J707

69. 常用来焊接 1Cr18Ni9Ti 不锈钢的 A137 不锈钢焊条，根据 GB/T983-1995 的规定，新型号为(　　)。

A. E308-15　　B. E309-15　　C. E347-15　　D. E410-15

70. (　　)种焊剂是目前国内生产中应用最多的一种焊剂。

A. 粘接焊剂　　B. 烧结焊剂　　C. 熔炼焊剂　　D. 颗粒焊剂

71. 在焊剂的型号中第一个字母为(　　)表示焊剂。

A. “E”　　B. “F”　　C. “SJ”　　D. “HJ”

72. 氩气瓶的外表涂成(　　)。

A. 白色　　B. 银灰色　　C. 天蓝色　　D. 铝白色

73. 常用的牌号为 H08Mn2SiA 焊丝中的“Mn2”表示(　　)。

A. 含锰量为 0.02%　　B. 含锰量为 0.2%

C. 含锰量为 2%　　D. 含锰量为 20%

74. 目前(　　)是一种理想的电极材料，是我国建议尽量采用的钨极。

A. 纯钨极　　B. 钍钨极　　C. 铈钨极　　D. 锆钨极

75. (　　)不是决定预热温度的因素。

A. 钢材的化学成分　　B. 焊接操作技术

C. 焊件结构形状和拘束度　　D. 环境温度

76. (　　)不是主要的经常采用的焊前预热的加热方法。

A. 远红外线加热法　　B. 激光加热法

C. 火焰加热法　　D. 工频感应加热法

77. 埋弧焊机按自动化程序可分为半自动焊机和(　　)。

A. 电动焊机　　B. 自动焊机

C. 氩弧焊机　　D. 手动焊机

78. MZ-1000 型焊机是一种(　　)。

A. 自动埋弧焊机　　B. CO_2气体保护焊机

C. 钨极氩弧焊机　　D. 熔化极氩弧焊机

79. 埋弧焊机的操作过程包括引弧及收弧操作、(　　)、焊丝端的位置调整、引弧板及收弧板的设置等。

A. 电压大小控制　　B. 电弧长度控制

C. 电流大小控制　　D. 焊接速度控制

80. WSJ-300 型焊机是(　　)焊机。

A. 交流钨极氩弧焊　　B. 直流钨极氩弧焊

C. 交直流钨极氩弧焊　　D. 熔化极氩弧焊

81. 板对接立焊时，定位焊长度以(　　) mm 为宜。

A. 5～10　　B. 10～15　　C. 15～25　　D. 25～35

82. 焊条电弧焊时，为了防止空气的有害作用，采用(　　)保护。

A. 气体　　B. 熔渣　　C. 气、渣联合　　D. 不需要

83. 接头分(　　)和冷接头两种。

A. 角接　　B. 热接头　　C. 对接　　D. T形接

84. 中厚板焊接采用多层和多层多道焊有利于提高焊接接头的(　　)。

A. 耐腐蚀性　　B. 导电性　　C. 强度和硬度　　D. 塑性和韧性

85. 定位焊，焊接电流应比正式焊接时(　　)。

A. 低5%～10%　　B. 低10%～15%　　C. 高10%～15%　　D. 高15%～20%

86. 垂直固定管焊接时，焊条与试件下侧夹角为75°～80°，与管子切线的焊接方向夹角为(　　)。

A. 70°～75°　　B. 55°～65°　　C. 45°～60°　　D. 35°～65°

87. 焊条电弧焊时，所谓短弧是指弧长为焊条直径的(　　)倍，超过这个限度则称为长弧。

A. 0.4～0.9　　B. 0.5～1　　C. 0.6～1.1　　D. 0.7～1.2

88. 钢板对接仰焊时，最焊缝表面容易出现的缺陷是(　　)。

A. 焊瘤　　B. 气孔　　C. 夹钨　　D. 未焊透

89. 大径管（ϕ159 mm以上）对接件定位焊，一般在坡口内点固(　　)处。

A. 1　　B. 2　　C. 3　　D. 4

90. 水平固定管对接组装时，按规范和焊工技艺确定组对间隙，而且一般应(　　)。

A. 上大下小　　B. 上小下大　　C. 上下一样　　D. 左大右小

91. 埋弧焊有(　　)和自动埋弧焊两类。

A. 电动埋弧焊　　B. 手动埋弧焊　　C. 半自动埋弧焊　　D. 机械埋弧焊

92. 板材对接要求全焊透，采用I形坡口埋弧自动焊双面焊，要求后焊的正面焊道的熔深（焊道厚度）达到板厚的(　　)。

A. 30%～40%　　B. 40%～50%　　C. 50%～60%　　D. 60%～70%

93. 埋弧焊过程中，焊接电弧稳定燃烧时，焊丝的送进速度(　　)焊丝的熔化速度。

A. 等于　　B. 大于　　C. 大于　　D. 略等于

94. 埋弧焊经常焊接(　　)大型物体，往往有高空作业，要求焊工高空作业应遵守相关安全知识。

A. 小型　　B. 大型　　C. 方形型　　D. 中小型

95. 钨极氩弧焊是采用钨棒作为电极，利用(　　)作为保护气体焊接的一种气体保护焊方法。

A. 氦气　　B. 二氧化碳　　C. 氮气　　D. 氩气

96. 正弦波交流钨极氩弧焊的稳弧方法是采用(　　)。

A. 逆变高压稳弧　　B. 低频高压稳弧　　C. 高频高压稳弧　　D. 高压脉冲稳弧

97. 与其他电弧焊相比，(　　)不是手工钨极氩弧焊的优点。

A. 保护效果好，焊缝质量高　　B. 易控制熔池尺寸

C. 可焊接的材料范围广　　D. 生产率高

98. 钨极氩弧焊焊铜时应采用(　　)。

A. 交流逆变电源　　B. 交流电源　　C. 直流反接　　D. 直流正接

99. 钨极氩弧焊的氩气流量一般可按经验公式确定，即氩气流量（L/min）等于喷嘴直径（mm）的(　　)倍。

A. 0.4～0.6　　B. 0.8～1.2　　C. 1.8～2.2　　D. 2.8～3.2

100. 钨极氩弧焊时，易爆物品距离焊接场所不得小于(　　)m.

A. 5　　B. 8　　C. 10　　D. 15

101. 焊接用二氧化碳气体的含水量和含氮量均不应超过(　　)。

A. 0.4%　　B. 0.3%　　C. 0.2%　　D. 0.1%

102. CO_2气体保护焊有一些不足之处，但(　　)不是CO_2焊的缺点。

A. 飞溅较大　　B. 焊缝含氢量多

C. 焊缝表面成形较差　　D. 弧光较强

103. (　　)是利用CO_2气作为保护气体的一种熔化极气体保护焊的焊接方法，简称CO_2焊。

A. 手工电弧焊　　B. 二氧化碳气体保护焊

C. 钨极氩弧焊　　D. 埋弧自动焊

104. 目前，(　　)能采用CO_2气体保护焊进行焊接。

A. 1Cr18Ni9Ti　　B. 1Cr13　　C. 16Mn　　D. OCr25Ni20

105. 细丝CO_2焊时，熔滴过渡形式一般都是(　　)。

A. 短路过渡　　B. 细颗粒过渡　　C. 粗滴过渡　　D. 喷射过渡

106. CO_2焊如果采用含有硅、锰脱氧元素的焊丝，则(　　)飞溅已不显著。

A. 由冶金反应引起的　　B. 由极点压力引起的

C. 熔滴短路时引起的　　D. 非轴向熔滴过渡造成的

107. CO_2气瓶使用时须直立放置，要求瓶内压力不低于(　　)MPa。

A. 0.28　　B. 0.48　　C. 0.68　　D. 0.98

108. 细丝二氧化碳气体保护焊使用的焊丝直径(　　)。

A. ≥1.8 mm　　B. =1.6 mm　　C. <1.6 mm　　D. >1.7 mm

109. 半自动CO_2气体保护焊通常都采用(　　)。

A. 前焊法　　B. 后焊法　　C. 右焊法　　D. 左焊法

110. () 不是CO_2焊时选择焊丝直径的根据。

A. 焊件厚度　　B. 施焊位置　　C. 生产率的要求　　D. 坡口形式

111. 电阻焊焊件导电部分的电阻大小与焊件材料的电阻率(　　)。

A. 没有关系　　B. 成反比　　C. 关系不大　　D. 有很大关系

112. (　　)不是电阻焊的优点。

A. 焊接变形小　　B. 生产率高

C. 成本低　　D. 无损检验方法简单可靠

113. 不等厚度材料点焊时，一般规定工件厚度比不应超过(　　)。

A. 1∶2　　B. 1∶3　　C. 1∶4　　D. 1∶5

114. 点焊主要用于(　　)的焊接。

A. 带蒙皮的骨架结构（如汽车驾驶室）等

B. 要求气密的薄壁容器

C. 受力要求不高的对接件

D. 重要的受力对接件

115. 在(　　)的等离子弧，称为转移弧。

A. 电极与喷嘴之间建立　　B. 电极与焊件之间建立

C. 电极与焊丝之间建立　　D. 电极与离子之间建立

116. 自由电弧一般经过三种“压缩效应”成为等离子弧，但(　　)不是这三种压缩效应中的一种。

A. 机械压缩效应　　B. 光收缩效应　　C. 热收缩效应　　D. 磁收缩效应

117. 等离子弧切割用的工作气体，应用最广泛的是(　　)。

A. 氮气　　B. 氩气　　C. 氢气　　D. 氦气

118. 等离子弧切割毛刺的形成主要与(　　)有关。

A. 切割电流和工作电压　　B. 气体流量和切割速度

C. 切割速度和空载电压　　D. 切割电流和空载电压

119. (　　)是等离子弧切割设备的控制箱中没有的。

A. 程序控制装置　　B. 高频振荡器

C. 电磁气阀　　D. 高压脉冲稳弧器

120. 决定等离子弧功率的两个参数是(　　)。

A. 切割电流和工作电压　　B. 切割电流和空载电压

C. 切割电流和输入电压　　D. 输入电流和空载电压

121. 焊接厚度在 0.01～0.5 mm 的超薄板、箔材和金属细丝应采用(　　)。

A. 穿透型等离子弧焊　　B. 熔透型等离子弧焊

C. 微束等离子弧焊　　D. 熔化型等离子弧焊

122. 大电流等离子弧焊的电流使用范围为(　　)。

A. 30～700 A　　B. 40～600 A　　C. 50～500 A　　D. 80～1000 A

123. (　　)是焊件经焊接后所形成的结合部分。

A. 热影响区　　B. 再结晶区　　C. 焊缝　　D. 熔合区

124. 冷却速度是焊接热循环的一个重要参数，通常用起关键作用的(　　)时间表示。

A. 从 1300 ℃冷却到 1100 ℃的　　B. 从 1100 ℃冷却到 800 ℃的

C. 从 800 ℃冷却到 500 ℃的　　D. 从 500 ℃冷却到 300 ℃的

125. 氧在钢焊缝金属中的存在形式主要是(　　)。

A. 溶解在焊缝金属中　　B. SiO_2 夹杂物

C. Cr_2O_3 夹杂物　　D. FeO 夹杂物

126. 由于熔池金属冷却速度很快，因此焊缝金属的化学成分是不均匀的，这种现象称为(　　)。

A. 偏析　　B. 共析　　C. 调质　　D. 共晶

127. (　　)不是焊接应力造成的。

A. 引起热裂纹和冷裂纹

B. 促使构件发生应力腐蚀，产生应力腐蚀裂纹

C. 降低结构的承载能力

D. 降低焊接接头的抗拉强度

128. (　　)不是焊接变形造成的危害。

A. 降低结构形状尺寸精度和美观

B. 引起焊接裂纹

C. 降低结构的承载能力

D. 矫正变形要降低生产率、增加制造成本

129. 反变形法主要用来减小弯曲变形和(　　)。

A. 收缩变形　　B. 扭曲变形　　C. 波浪变形　　D. 角变形

130. 对于(　　)，焊后可以不必采取消除残余应力的措施。

A. 塑性较差的高强钢焊接结构

B. 低碳钢、16Mn 等一般性焊接结构

C. 存在较大的三向拉伸残余应力的结构

D. 有产生应力腐蚀破坏可能性的结构

131. 珠光体是铁素体和渗碳体的机械混合物，碳的质量分数为(　　)左右。

A. 0.25%　　B. 0.6%　　C. 0.8%　　D. 2.11%

132. 低合金高强度结构钢 15MnVN 属于(　　)。

A. Q345　　B. Q390　　C. Q420　　D. Q460

133. 低碳钢和低合金高强度钢 CO_2 焊时，由于 CO_2 分解为 CO 和原子态氧，具有强烈的氧化性，会使铁和合金元素氧化烧损，会降低焊缝金属(　　)，同时成为产生气孔及飞溅的主要原因。

A. 力学性能　　B. 抗裂性能　　C. 耐腐蚀性能　　D. 抗氧化性能

134. 15MnTi 钢是(　　)状态下使用的钢种。

A. 热轧　　B. 退火　　C. 回火　　D. 正火

135. CO_2 焊用于焊接低碳钢和低合金高强度钢时，主要采用通过焊丝的(　　)脱氧方法。

A. 碳锰联合　　B. 碳硅联合　　C. 硅锰联合　　D. 铝硅联合

136. 由于(　　)钢在冶炼过程中是采用铝、钛等元素脱氧的细晶粒钢，在不预热时，可选用较大的线能量焊接，避免出现淬硬组织。

A. 16Mn　　B. 12MnV

C. 0CrMnSiA　　D. 15MnVN

137. 珠光体耐热钢是以(　　)为主要元素的低合金耐热钢，其供货状态组织是珠光体。

A. 硫、铁　　B. 铬、钼　　C. 磷、铝　　D. 钛、镁

138. 珠光体耐热钢中含有一定量的铬和钼及其他合金元素，因此，在焊接热影响区有较大的淬硬倾向，易产生(　　)。

A. 层状撕裂　　B. 热裂纹　　C. 再热裂纹　　D. 冷裂纹

139. 珠光体耐热钢 12Cr1MoV 焊接时，焊条应选用(　　)。

A. R107 (E5015-A1)　　B. R207 (E5515-B1)

C. R317 (E5515-B2-V)　　D. R307 (E5515-B2)

140. 低温压力容器用钢 16MnDR 的最低使用温度为(　　)℃。

A. −20　　B. −40　　C. −50　　D. −60

141. 1Cr18Ni9Ti 钢是(　　)型不锈钢。

A. 铁素体　　B. 马氏体　　C. 奥氏体　　D. 奥氏体—铁素体

142. 加热温度(　　)℃是不锈钢晶间腐蚀的危险温度区，或称敏化温度区。

A. 250～450　　B. 450～850　　C. 850～1050　　D. 1050～1250

143. 奥氏体不锈钢焊条的焊接电流比同样直径的低碳钢焊条降低(　　)左右。

A. 5%　　B. 10%　　C. 20%　　D. 309%

144. (　　)不是奥氏体不锈钢合适的焊接方法。

A. 焊条电弧焊　　B. 钨极氩弧焊　　C. 埋弧自动焊　　D. 电渣焊

145. CO_2在电弧高温作用下分解为 CO 和原子态氧，具有强烈的氧化性，会使铁及合金元素氧化烧损，降低焊缝金属的力学性能，同时成为产生(　　)的主要原因。

A. 夹渣　　B. 飞溅　　C. 咬边　　D. 冷裂纹

146. (　　)位于焊缝外表面，用肉眼或低倍放大镜就可以看到。

A. 内部缺陷　　B. 未焊透　　C. 外部缺陷　　D. 内部气孔

147. 焊接接头冷却到(　　)时产生的焊接裂纹属于冷裂纹。

A. 液相线附近　　B. 较低温度　　C. A1 线附近　　D. A3 线附近

148. (　　)不是防止焊接热裂纹的措施。

A. 烘干焊条和焊剂

B. 改善熔池金属的一次结晶

C. 采用小线能量，并适当增大焊缝成形系数

D. 采用碱性焊条和焊剂

149. (　　)不是防止冷裂纹的措施。

A. 焊前预热　　B. 限制钢材与焊材中硫的质量分数

C. 焊后立即后热（消氢处理）　　D. 清除工件和焊丝表面的锈、油、水

150. 在焊接应力及其他致脆因素共同作用下，焊接接头中局部地区的金属原子结合力遭到破坏而形成的新界面所产生的缝隙称为(　　)。

A. 弧坑裂纹　　B. 根部裂纹　　C. 未焊透　　D. 焊接裂纹

151. 板对接时，焊前应在坡口及两侧各(　　) mm 范围内，将锈、水、油污等清理干净。

A. 5　　B. 20　　C. 30　　D. 40

152. 焊缝成形系数过小的焊缝，表示焊道窄而深，容易产生(　　)。

A. 咬边　　B. 夹渣　　C. 未焊透　　D. 弧坑

153. (　　)不是产生未焊透的原因。

A. 坡口角度太小，钝边太大，间隙太小　　B. 焊接电流太小

C. 焊接速度太快　　D. 采用短弧焊

154. 钨极直径太小、焊接电流太大时，容易产生(　　)焊接缺陷。

A. 冷裂纹　　B. 未焊透　　C. 热裂纹　　D. 夹钨

155. 下列缺陷一般除(　　)外，均需返修。

A. 焊缝表面有裂纹

B. 焊缝表面有气孔、夹渣

C. 焊缝内部有超过图样和标准规定的缺陷

D. 深度不大于 0.5 mm、连续长度不大于 100 mm 的咬边

156. (　　)在有水直接接触的情况下返修焊缝。

A. 禁止　　B. 可以　　C. 有人时可以　　D. 没人时可以

157. 下列焊接检验方法中(　　)是破坏性检验。

A. 拉伸试验　　B. 水压试验　　C. 无损试验　　D. 磁粉试验

158. 冲击试验的目的是测定焊接接头的(　　)。

A. 冲击强度　　B. 抗力强度　　C. 韧性　　D. 硬度

159. (　　)不是硬度试验的目的。

A. 测定焊接接头的硬度分布　　B. 测定焊接接头的强度

C. 了解区域偏析　　D. 了解近缝区的淬硬倾向

160. 在胶片上显示出呈略带曲折的、波浪状的黑色细条纹，有时也呈直线状，轮廓较分明，两端较尖细中部稍宽的缺陷属于(　　)焊接缺陷。

A. 气孔　　B. 裂纹　　C. 夹渣　　D. 未焊透

二、判断题。

161. (　　)职业道德的内容包括职业道德意识、职业道德守则、职业道德行为规范、职业道德培养和职业道德品质等。

162. (　　)劳动只是为个人谋生不是为社会服务。

163. (　　)忠于职守就是要把自己职业范围内的工作做好，合乎质量标准和规范要求。

164. (　　)焊工可以在积水、通风环境不好的焊接场地中施工。

165. (　　)投影线从投影点发出，投影线互不平行，用这种方法进行投影叫中心投影。

166.（　　）在视图中，中心线通常用点画线表示。

167.（　　）实际上滑移是借助于位错的移动来实现的，故晶界处滑移阻力最小。

168.（　　）体心立方晶格的间隙中能容纳的杂质原子或溶质原子往往比面心立方晶格要多。

169.（　　）钢的热处理类别分为淬火、回火、退火和正火。

170.（　　）化学热处理有渗碳、渗氮、碳氮共渗、渗金属等多种。

171.（　　）凡是电流的方向和大小都随时间变化的电流称为交流电。

172.（　　）磁感应强度的数学公式为：$B=F/(IL)$。

173.（　　）元素周期表中有119种元素。

174.（　　）变形超过技术要求的金属材料，在划线、下料以前必须进行矫正。

175.（　　）焊工应穿深色的工作服，因为深色不容易吸收弧光。

176.（　　）焊工穿的绝缘工作鞋，必须经过耐高玉试验500V合格。

177.（　　）低氢钠型和低氢钾型药皮焊条的熔敷金属都具有良好的抗裂性能和力学性能。

178.（　　）焊剂粒度的选择主要依据焊接工艺参数，一般大电流焊接时，应选用粗粒度颗粒，小电流焊接时，选用细粒度颗粒。

179.（　　）埋弧焊机一般由弧焊电源、控制系统、焊机接头三大部分组成。

180.（　　）钨极氩弧焊时，高频震荡器的作用为引弧和稳弧，因此在焊接过程中始终工作。

181.（　　）钢板对接立焊时，定位间隙应该是终焊端大于始焊端。

182.（　　）垂直固定管焊接时，焊条应垂直于焊缝。

183.（　　）焊缝成形系数小的焊道焊缝宽而浅。不易产生气孔、夹渣和热裂纹。

184.（　　）埋弧焊坡口形式与焊条电弧焊基本相同，但应采用较厚的钝边。

185.（　　）几乎所有的金属材料都可以用采用氩弧焊。

186.（　　）钨极氩弧焊时应尽量减少高频振荡器工作时间，引燃电弧后立即切断高频电源。

187.（　　）CO_2焊用于焊接低碳钢和低合金钢高强度钢时，主要采用硅锰联合脱氧的方法。

188.（　　）粗丝CO_2时，熔滴过渡形式往往都是短路过渡。

189.（　　）电阻焊中电阻对焊是对焊的主要形式。

190.（　　）点焊焊点间距是满足结构强度要求所规定的数值。

191.（　　）等离子弧切割时，用增加等离子弧工作电压来增加功率，往往比增加电流有更好的效果。

192.（　　）凡较长期使用等离子弧切割的工作场地，可以不设置强迫抽风或设水工作台。

193.（　　）焊缝中的氮会降低焊缝的塑性和韧性，但可提高焊缝的强度。

194.（　　）锤击焊缝金属可以减小焊接变形，但不可以减小焊接残余应力。

195.（　　）钢的碳当量越大焊接性越好。

196.（　　）珠光体耐热钢的特性通常用高温强度和高温抗氧化性两种指标来表示。

197.（　　）奥氏体不锈钢有磁性，而且是所有不锈钢中磁性最好的。

198.（　　）焊接接头中存在较多的氢、淬硬组织和较大的拘束应力三个因素中，只要存在一个就可以产生冷裂纹。

199.（　　）焊接缺陷进行返修前，必须对焊接缺陷进行彻底的清除。

200.（　　）超声波探伤可以发现焊接接头表面的焊接缺陷。

三、参考答案

1	2	3	4	5	6	7	8	9	10	11	12	13	14	15	16	17	18	19	20
D	D	C	A	B	C	D	D	D	C	A	C	A	C	C	D	B	C	C	C
21	22	23	24	25	26	27	28	29	30	31	32	33	34	35	36	37	38	39	40
A	A	A	D	B	A	C	B	B	C	A	D	A	A	D	D	A	D	C	B
41	42	43	44	45	46	47	48	49	50	51	52	53	54	55	56	57	58	59	60
A	C	D	A	D	B	A	C	B	D	B	A	C	D	B	A	B	B	B	C
61	62	63	64	65	66	67	68	69	70	71	72	73	74	75	76	77	78	79	80
C	A	B	B	C	B	B	C	C	C	B	B	C	C	B	B	B	A	B	A
81	82	83	84	85	86	87	88	89	90	91	92	93	94	95	96	97	98	99	100
B	C	B	D	C	A	B	A	C	A	C	D	A	B	D	D	D	D	B	C
101	102	103	104	105	106	107	108	109	110	111	112	113	114	115	116	117	118	119	120
D	B	B	C	A	A	D	C	D	D	D	D	B	A	B	B	A	B	D	A
121	122	123	124	125	126	127	128	129	130	131	132	133	134	135	136	137	138	139	140
C	C	C	C	D	A	D	B	D	B	C	C	A	D	C	A	B	D	C	B
141	142	143	144	145	146	147	148	149	150	151	152	153	154	155	156	157	158	159	160
C	B	C	D	B	C	B	A	B	D	B	B	D	D	D	A	C	A	B	B
161	162	163	164	165	166	167	168	169	170	171	172	173	174	175	176	177	178	179	180
√	×	√	×	√	√	×	×	√	√	√	√	×	√	×	√	√	×	√	×
181	182	183	184	185	186	187	188	189	190	191	192	193	194	195	196	197	198	199	200
√	×	×	√	√	√	√	×	×	×	√	×	√	×	×	√	×	×	√	×

附录四　焊工（高级工）理论知识试卷

一、选择题。

1. 从我国历史和国情出发，社会主义职业道德建设要坚持的最根本的原则是(　　)。

A. 人道主义　　B. 爱国主义　　C. 社会主义　　D. 集体主义

2. 下列关于职业化的说法中，不正确的是(　　)。

A. 职业化也称为“专业化”，是一种自律性的工作态度

B. 职业化的核心层是职业化技能

C. 职业化要求从业人员在道德、态度、知识等方面都符合职业规范和标准

D. 职业化中包含积极的职业精神，也是一种管理成果

3. 职业道德首先要从(　　)的职业行为规范开始。

A. 爱岗敬业，忠于职守　　B. 诚实守信，办事公道

C. 服务群众，奉献社会　　D. 遵纪守法，廉洁奉公

4. 企业信誉的基础是(　　)。

A. 效低的价格　　B. 较高的产量

C. 良好的产品质量和服务　　D. 较多的社会关系

5. 职业道德的“五个要求”，既包含基础性的要求，也有较高的要求。其中，最基本的要求是(　　)。

A. 爱岗敬业　　B. 诚实守信　　C. 服务群众　　D. 办事公道

6. 职业活动中，有的从业人员将享乐与劳动、奉献、创造对立起来，甚至为了追求个人享乐，不惜损害他人和社会利益。这些人所持的理念属于(　　)。

A. 极端个人主义的价值观　　B. 拜金主义的价值观

C. 享乐主义的价值观　　D. 小团体主义的价值观

7. 下列表述中，违背遵纪守法要求的是(　　)。

A. 学法、知法、守法、用法

B. 研究法律漏洞，为企业谋利益

C. 依据企业发展的要求，创建企业规章制度

D. 用法、护法、维护自身权益

8. (　　)是职业道德首先要遵守的职业行为规范。

A. 严于律已，吃苦耐劳　　B. 爱岗敬业，忠于职守

C. 谦虚谨慎，团结合作　　D. 刻苦钻研业务

9. 下列关于敬业精神的说法中，不正确的是(　　)。

A. 在职业活动中，敬业是人们对从业人员的最根本、最核心的要求

B. 敬业是职业活动的灵魂，是从业人员的安身立命之本

C. 敬业是一个人做好工作、取得事业成功的保证

D. 对从业人员来说，敬业一般意味着将会失去很多工作和生活的乐趣

10. 著名豫剧表演艺术家常香玉常说：“戏比天大。”在朝鲜战场上，志愿军领导劝她改换相对安全的日子再去演出，她说：“戏比天大，那么多志愿军都等着呢，他们不怕，我也不怕!”有一次，她安排到一家工厂慰问演出，不巧遇到暴雨，有人建议先不要去了，她却斩钉截铁地说：“戏比天大，就是下刀子也要去!”这些故事充分地表现了常香玉所具有的(　　)精神。

A. 勤俭节约　　B. 诚实守信　　C. 爱岗敬业　　D. 遵纪守法

11. 强化职业责任是(　　)职业道德规范的要求。

A. 团结协作　　B. 诚实守信　　C. 勤俭节约　　D. 爱岗敬业

12. 要想立足社会并成就一番事业，从业人员除了要刻苦学习现代专业知识和技能外，还需要(　　)。

A. 搞好人际关系　　B. 得到领导的赏识

C. 加强职业道德修养　　D. 建立自己的小集团

13. 职业道德建设的核心是(　　)。

A. 服务群众　　B. 爱岗敬业　　C. 办事公道　　D. 奉献社会

14. 焊工应有足够的作业面积，作业面积应不小于(　　)m^2。

A. 6　　B. 5　　C. 4　　D. 3

15. 焊接前焊工应对所使用的角向磨光机进行安全检查，但(　　)不必检查。

A. 有没有漏电现象　　B. 砂轮转动是否正常

C. 砂轮片是否有裂纹、破损　　D. 角向磨光机内部绝缘电阻值

16. 焊接烟尘的来源是由金属及非金属物质在过热条件下产生的(　　)经氧化、冷凝而形成的。

A. 有毒气体　　B. 高温蒸气

C. 中温蒸气　　D. 低温蒸气

17. 物体的正面投影称为(　　)。

A. 俯视图　　B. 主视图

C. 左视图　　D. 轴侧视图

18. 三视图的投影规律是(　　)长对正。

A. 主视图与左视图　　B. 主视图与俯视图

C. 主视图与右视图　　D. 俯视图与左视图

19. 投影线从投影中心点发出，投影线互不平行，用这种方法进行投影叫(　　)。

A. 中心投影　　B. 侧面投影

C. 正投影　　D. 角度投影

20. 外轮廓线用(　　)表示。

A. 粗实线　　B. 细实线

C. 虚线　　D. 点画线

21. 根据下图，由给定的剖面图可知标注正确的视图是(　　)。

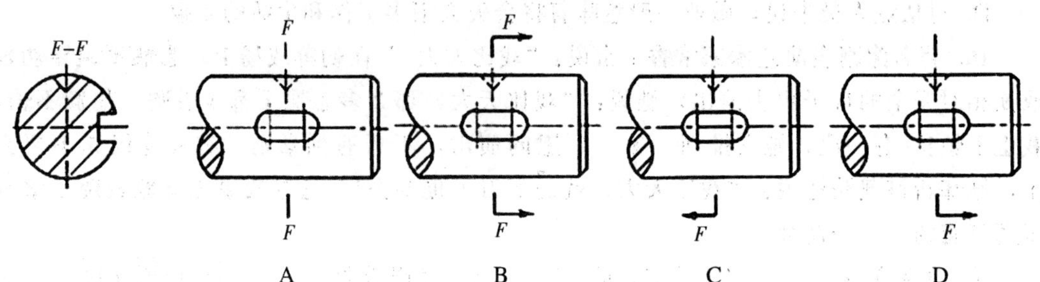

22. 在零件图中，(　　)是需要标注的。

A. 规格尺寸　　B. 安装尺寸　　C. 所有零件尺寸　　D. 其他重要尺寸

23. 原子杂乱无序，作无规则排序的物质称为(　　)。

A. 非晶体　　B. 晶体　　C. 晶格　　D. 晶胞

24. (　　)是碳在 γ-Fe 中的间隙固溶体。

A. 铁素体　　B. 珠光体　　C. 奥氏体　　D. 马氏体

25. 某些钢在淬火后再进行高温回火的复合热处理工艺称为(　　)处理。

A. 正火　　B. 调质　　C. 常化　　D. 综合优化

26. 铁碳合金平衡状态图中，碳质量分数 4.3%，温度(　　)℃的点，称为共晶点。

A. 1148　　B. 910　　C. 727　　D. 650

27. 牌号为 20 钢，表示碳的质量分数平均为(　　)的优质碳素结构钢。

A. 0.20%　　B. 2%　　C. 20%　　D. 0.002%

28. 高合金钢合金元素总含量(　　)。

A. <5%　　B. 5%～10%　　C. >10%　　D. >15%

29. (　　)的方向随着时间的变化而变化。

A. 交流电　　B. 直流电　　C. 高压电　　D. 低压电

30. 在一段无源电路中，(　　)与电压成正比，而与电阻值成反比，这就是部分电路的欧姆定律。

A. 电位的大小　　B. 电流的大小　　C. 电容的大小　　D. 电势的大小

31. 导体电阻的大小与物质的导电性能即电阻率及(　　)成正比，而与导体截面积成反比。

A. 导体的导热性　　B. 导体的热膨胀性

C. 导体的长度　　D. 导体的体积

32. 电流磁场的方向是由电流方向决定的，实践表明可以用(　　)来表示两者的关系。

A. 左手螺旋法则　　B. 右手螺旋法则　　C. 左手法则　　D. 欧姆法则

33. 磁体不但能比较显著地吸引铁磁性物质，而且磁体之间也有明显的相互作用，其特点是(　　)。

A. 同性相吸，异性排斥　　B. 同性、异性都相吸

C. 异性相吸，同性排斥　　D. 以上说法都有可能

34. 与电流互感器配套使用的交流电流表应选(　　)A 的量程。

A. 5　　B. 10　　C. 15　　D. 20

35. 磷的元素符号是(　　)。

A. S　　B. P　　C. Mo　　D. Ni

36. 原子是由居于(　　)的带正电荷的原子核和核外带负电的电子构成的，原子本身呈中性。

A. 中心　　B. 包围　　C. 边缘　　D. 侧面

37. 所谓元素是指具有相同核电荷数（即质子数）的(　　)总称，目前只发现 109 种元素，在地壳里分布最广的是氧元素。

A. 同一类分子　　B. 同一类原子　　C. 不同类分子　　D. 不同类原子

38. 物质跟氧发生的化学反应叫做(　　)。

A. 氧化反应　　B. 中和反应　　C. 分解反应　　D. 还原反应

39. 焊接铁架时，为了它他美观、牢固，我们应将其进行(　　)。

A. 回火　　B. 淬火　　C. 板厚处理　　D. 调质处理

40. 矫正结构件变形的正确顺序是(　　)。

A. 判定矫正位置—分析变形原因—确定矫正方法

B. 分析变形原因—判定矫正位置—确定矫正方法

C. 分析变形原因—确定矫正方法—判定矫正位置

D. 确定矫正方法—分析变形原因—判定矫正位置

41. 采用火焰矫正结构件变形时，加热温度为(　　)℃。

A. 300～450　　B. 400～600　　C. 650～800　　D. 800～1000

42. 采用点状加热矫正薄钢板的凸起变形时，加热点的大小与钢板的(　　)有关。

A. 材质　　B. 面积　　C. 厚度　　D. 长度

43. 一般情况下，(　　)V 是安全电压的最高上限。

A. 70　　B. 60　　C. 50　　D. 36

44. 有(　　)铺设地面的环境是属于触电的危险环境。

A. 木材　　B. 泥，砖，湿木板，钢筋混凝土

C. 沥青　　D. 瓷砖

45. 对于潮湿而触电危险性又较大的环境，我国规定的安全电压为(　　)。

A. 2.5 V　　B. 12 V　　C. 24 V　　D. 36 V

46. 焊接过程中造成焊工(　　)是由于弧光中的紫外线辐射。

A. 瞎眼　　B. 电光性眼炎　　C. 白内障　　D. 近视

47. 在焊接过程中会产生有害因素，下列属于化学因素的(　　)。

A. 焊接弧光　　B. 噪声　　C. 射线　　D. 焊接烟尘

48. 焊前应对焊接场地进行安全检查，但(　　)不属于场地安全检查内容。

A. 燃易爆物是否采取安全措施　　B. 有无水源与消防灭火器材

C. 半成品与材料存放是否整齐　　D. 是否保持必要的通道

49. 多点焊接作业或与其他工种混合作业时，各工位间应设(　　)。

A. 氧气瓶　　B. 乙炔瓶　　C. 防护屏　　D. 氩气瓶

50. 焊接场地应保持必要的通道，且人行通道宽度不小于(　　)。

A. 1 m　　B. 1.5 m　　C. 3 m　　D. 5 m

51. 某焊工在坠落高度基准面 10 m 高处进行焊接与切割作业，其高处作业的级别为(　　)。

A. 一级　　B. 二级　　C. 三级　　D. 特级

52. (　　)的作用是夹持焊条和传导电流。

A. 下钳　　B. 电焊钳　　C. 上钳　　D. 弯臂

53. 将所装配零件的边缘拉到规定的尺寸应该是(　　)。

A. 夹紧工具　　B. 压紧工具　　C. 拉紧工具　　D. 撑具

54. 仰焊时，为了防止火星、熔渣造成灼伤，焊工可用(　　)的披肩、长套袖、围裙和脚盖等。

A. 塑料　　B. 合成纤维织物　　C. 石棉物　　D. 棉布

55. EZNi－1 焊条的焊芯成分是(　　)。

A. 纯镍　　B. 镍铁　　C. 镍铜　　D. 镍铁铜

56. 铸铁焊丝型号 RZCH 中的“H”表示(　　)。

A. 焊丝　　B. 熔敷金属中含有合金元素

C. 熔敷金属类型为铸铁　　D. 焊丝用于铸铁焊接

57. (　　)型焊丝是采用石墨化元素较多的灰铸铁浇铸而成的。

A. RZCH　　B. RZC　　C. RZCQ　　D. EZC

58. 铝及铝合金焊丝中，(　　)是通用焊丝，可焊接除铝镁合金以外的铝合金。

A. 纯铝焊丝　　B. 铝硅合金焊丝　　C. 铝锰合金焊丝　　D. 铝镁合金焊丝

59. (　　)是铝气焊熔剂。

A. CJ301　　B. CJ401　　C. CJ501　　D. CJ601

60. 异种钢焊接时，选择工艺参数主要考虑的原则是(　　)。

A. 减小熔合比　　B. 增大熔合比　　C. 焊接效率高　　D. 焊接成本低

61. 异种金属焊接时，确定(　　)的主要依据除母材厚度之外，还有母材在焊缝中的熔合比。

A. 焊接材料　　B. 焊接电压　　C. 坡口角度　　D. 焊接方法

62. 复合钢板的坡口一般开在(　　)上。

A. 基层　　B. 过渡层　　C. 复层　　D. 以上都可以

63. 钢与铜及其合金焊接时的主要问题是(　　)。

A. 焊缝中易产生夹渣

B. 焊缝及熔合区内易产生裂纹

C. 焊缝中易产生气孔

D. 焊缝中易产生白点

64. 金属材料按线膨胀系数由大到小顺序排列的是(　　)。

A. 铜，铝，不锈钢，碳钢　　B. 铝，铜，不锈钢，碳钢

C. 铝，铜，碳钢，不锈钢　　D. 铜，铝，碳钢，不锈钢

65. 埋弧焊焊机按下起动按钮后熔断器立即熔断的原因之一可能是控制(　　)。

A. 电流太小　　B. 线路短路　　C. 线路断路　　D. 电压太低

66. 埋弧焊机的调试包括电源、控制系统、小车三个大组部分性能、参数测试和(　　)。

A. 焊接参数　　B. 焊接试验　　C. 设备　　D. 操作系统

67. 埋弧焊机的空载电流不得超过额定电流的(　　)。

A. 3%　　B. 5%　　C. 10%　　D. 20%

68. 埋弧焊主要靠(　　)热来熔化焊丝和基本金属。

A. 化学　　B. 电弧　　C. 电渣　　D. 埋弧

69. 埋弧自动焊时，焊丝的送进、校直、夹持导电等部件的功能测试，可根据(　　)的状态判断。

A. 焊丝熔化　　B. 焊丝送进　　C. 焊丝送出　　D. 焊接电弧

70. 手工钨极氩弧焊机焊炬的控制电路电压在交流时不应超过(　　)。

A. 36 V　　B. 40 V　　C. 48 V　　D. 50 V

71. 手工钨极氩弧焊机检修时，(　　)应对水质干净情况，是否漏水，是否畅通等进行检查。

A. 水路系统检修　　B. 气路系统检修

C. 电路系统检修　　D. 机械系统检修

72. 钨极氩弧焊时，电极发射电子的主要形式是(　　)。

A. 热发射和光发射　　B. 光发射和撞击发射

C. 热发射和强电场发射　　D. 热发射和撞击发射

73. 力学性能试验是用来测定(　　)、焊缝金属和焊接接头在各种条件下的强度、塑性和韧性。

A. 焊接参数　　B. 焊接材料　　C. 焊接方法　　D. 焊接性

74. 焊接接头力学性能试验可分为拉伸试验、(　　)、冲击试验和硬度试验。

A. 强度试验　　B. 弯曲试验　　C. 折断试验　　D. 压扁试验

75. (　　)试验的方法是用以测定焊接接头的抗拉强度。

A. 压扁　　B. 冲击　　C. 拉伸　　D. 弯曲

76. 焊接接头常温拉伸试验的合格标准是焊接接头抗拉强度不低于母材抗拉强度规定值的(　　)。

A. 上限　　B. 下限　　C. 平均值　　D. 以上都可以

77. 试样弯曲后，其背面成为弯曲的拉伸面，叫(　　)。

A. 面弯　　B. 背弯　　C. 侧弯　　D. 纵弯

78. 压扁试验的目的是测定(　　)焊接对接接头的塑性。

A. 平板　　B. 管板　　C. 管子　　D. 型钢

79. 低合金结构钢焊接时，过大的焊接热输入会降低接头的(　　)。

A. 硬度　　B. 抗拉强度　　C. 冲击韧度　　D. 疲劳强度

80. 利用转变温度法进行焊接接头抗脆性断裂试验时，所用的试样为(　　)。

A. 拉伸试样　　B. 弯曲试样　　C. 冲击试样　　D. 压扁试样

81. 焊接接头的硬度试验所用试样，需焊后(　　)才能截取。

A. 6 h　　B. 8 h　　C. 10 h　　D. 12 h

82. 做插销试验时，一般在底板上开 4 个直径为(　　)的孔，以供其 4 次试验用。

A. 4 mm　　B. 6 mm　　C. 8 mm　　D. 15 mm

83. (　　)试验的目的是用来评定母材焊接性能的好坏。

A. 焊接性　　B. 耐蚀性　　C. 抗气孔性　　D. 应变时效

84. 斜 Y 形坡口焊接裂纹试验用试件的厚度为(　　)。

A. 6～9 mm　　B. 9～38 mm　　C. ＞38 mm　　D. 46 mm

85. 在相同基体的情况下，球墨铸铁的强度和塑性在所有铸铁中是(　　)。

A. 最好的　　B. 最差的　　C. 较好的　　D. 较差的

86. (　　)中的碳是以片状石墨的形式分布于金属中，断口呈暗灰色。

A. 球墨铸铁　　B. 可锻铸铁　　C. 白铸铁　　D. 灰铸铁

87. 灰口铸铁在熔合区易产生(　　)组织。

A. 灰口　　B. 白口　　C. 球墨　　D. 黑铸铁

88. 铸铁按碳存在的状态和形式不同，主要可分为白铸铁、灰铸铁、可锻铸铁及(　　)。

A. 黑铸铁　　B. 球墨铸铁　　C. 银铸铁　　D. 有色铸铁

89. 铸铁焊接接头易产生白口组织的原因是(　　)。

A. 石墨化元素不足　　B. 没进行热处理

C. 焊接电流过小　　D. 线能量过小

90. 铸铁焊接裂纹一般为(　　)，产生温度在 400 ℃以下，产生的部位为焊缝或热影响区。

A. 冷裂纹　　B. 热裂纹　　C. 消除应力裂纹　　D. 层状撕裂

91. 灰铸铁本身强度低，塑性极差而焊接过程又具有工件受热(　　)，焊接应力大及冷却速度快等特点，因此补焊铸铁时容易产生裂纹。

A. 不均匀　　B. 过大　　C. 过小　　D. 均匀

92. 下列(　　)可防止铸铁焊接时裂纹的产生。

A. 缓冷法　　B. 加热减应去法　　C. 回火法　　D. 淬火法

93. 铸铁冷焊时应采用分散焊、断续焊，选用细焊丝、小电流、浅熔深，焊后立即(　　)焊缝等方法，减小焊接应力，防止裂纹。

A. 加热　　B. 淬火　　C. 回火　　D. 锤击

94. 灰铸铁电弧冷焊，当施工环境气温低且焊件大时，焊前需预热至(　　)。

A. 50 ℃　　B. 100～200 ℃　　C. 400 ℃　　D. 600～700 ℃

95. (　　)气焊时可采用 RZCQ 型焊丝，采用中性焰或弱碳化焰，焊后缓冷。

A. 白铸铁　　B. 球墨铸铁　　C. 碳钢　　D. 不锈钢

96. 球墨铸铁选择补焊方法时可不考虑的因素是(　　)。

A. 能否将被焊件翻动　　B. 焊件的厚薄

C. 缺陷的深浅　　D. 缺陷的长短

97 目前工业上应用最广泛的铸造铝合金是(　　)。

A. 铝硅系　　B. 铝铜系　　C. 铝镁系　　D. 铝锌系

98. 铝及铝合金焊接时，产生的气孔主要是(　　)气孔。

A. N_2　　B. CO　　C. H_2　　D. Ar

99. 铝及铝合金工件和焊丝表面清理以后，在干燥的情况下，一般应在清理(　　)小时内施焊。

A. 4　　B. 12　　C. 24　　D. 36

100. 钢与铝及其合金焊接时采用的焊接方法是(　　)。

A. 焊条电弧焊　　B. 钨极氩弧焊　　C. 埋弧焊　　D. 冷压焊

101. 对纯铝及非热处理强化铝合金采用手工钨极氩弧焊，其焊缝及接头的力学性能可达到基体金属的(　　)。

A. 50%　　B. 80%　　C. 90%　　D. 100%

102. 铜及其合金的成分和颜色不同，可分为紫铜、(　　)、青铜和白铜四大类。

A. 绿铜　　B. 灰铜　　C. 红铜　　D. 黄铜

103. 青铜的强度和(　　)比紫铜高得多。

A. 耐磨性　　B. 塑性　　C. 韧性　　D. 抗蚀性

104. 黄铜因(　　)含量比较高，焊接时会产生严重烟雾，损害焊工健康。

A. 锌　　B. 锡　　C. 铝　　D. 硅

105. 焊接黄铜时，为了抑制(　　)的蒸发，可选用含硅量高的黄铜或硅青铜焊丝。

A. 铝　　B. 镁　　C. 锰　　D. 锌

106. 纯铜手工钨极氩弧焊时，为减少电极烧损，保证电极稳定和有足够的熔深，通常采用(　　)。

A. 直流正接　　B. 直流反接　　C. 交流或直流反接　　D. 交流

107. 钛及钛合金按生产工艺可分为(　　)、铸造钛合金和粉末钛合金。

A. 耐热钛合金　　B. 结构钛合金　　C. 变形钛合金　　D. 低温钛合金

108. 溶解于钛中的氢在 320℃时会和钛发生共析转变，析出 TiH_2，使金属的塑性和韧性降低，同时发生体积膨胀而产生较大的应力，结果导致产生(　　)。

A. 冷裂纹　　B. 热裂纹　　C. 再热裂纹　　D. 软化

109. 珠光体钢和奥氏体不锈钢的线膨胀系数和热导率不同，焊接接头中会(　　)。

A. 产生较大的热应力　　B. 产生刃状腐蚀

C. 引起接头不等强　　　　　　　　　　D. 降低接头高温持久强度

110. 1Cr18Ni9 不锈钢和 Q235 低碳钢焊条电弧焊时，(　　)焊条焊接才能获得满意的焊缝质量。

A. 不加填充　　　　B. E308-16　　　　C. E309-15　　　　D. E310-15

111. 1Cr18Ni9Ti 不锈钢与 A3 钢焊接时，应该选用的焊条牌号是(　　)。

A. 奥 302　　　　B. 奥 307　　　　C. E5015　　　　D. E4303

112. 奥氏体不锈钢与低碳钢进行焊接时，为避免在焊缝中出现(　　)组织，就必须选用含铬镍较高的填充材料。

A. 马氏体　　　　B. 魏氏体　　　　C. 铁素体　　　　D. 渗碳体

113. 脱碳层和增碳层得宽度，随温度的增高和高温停留的时间的加长而(　　)。

A. 不变　　　　B. 时大时小　　　　C. 减小　　　　D. 增大

114. 奥氏体不锈钢与珠光体钢焊接时，采用最多的焊接方法是(　　)。

A. 焊条电弧焊　　　　B. 埋弧焊　　　　C. 钨极氩弧焊　　　　D. CO_2保护焊

115. 奥氏体不锈钢与珠光体耐热钢焊接时应选择(　　)型的焊接材料。

A. 珠光体耐热钢　　　　　　　　B. ω (Ni) <12%的奥氏体不锈钢

C. ω (Ni) >12%的奥氏体不锈钢　　　　D. 低碳钢

116. 牌号为 A137 的焊条是(　　)。

A. 碳钢焊条　　　　　　　　B. 奥氏体不锈钢焊条

C. 珠光体耐热钢焊条　　　　D. 低合金钢焊条

117. 选用 25-13 型焊接材料，进行珠光体钢和奥氏体不锈钢厚板对接焊时，可先用(　　)的方法，堆焊过渡层。

A. 奥氏体不锈钢的坡口上，采用单道焊

B. 奥氏体不锈钢的坡口上，采用多层多道焊

C. 珠光体钢的坡口上，采用单道焊

D. 珠光体钢的坡口上，采用多层多道焊

118. 奥氏体不锈钢与珠光体钢焊接时，为能得到具有较高抗热裂性能的奥氏体+铁素体双相组织，应将熔合比控制在(　　)以下。

A. 20%　　　　B. 30%　　　　C. 40%　　　　D. 50%

119. 奥氏体不锈钢和珠光体钢对接焊，采用小电流，多层多道快速焊，在珠光体钢一侧，电弧应采用短弧、停留时间要(　　)、角度要合适，以达到减小珠光体钢熔化量的目的。

A. 很长　　　　B. 长　　　　C. 短　　　　D. 以上都可以

120. 奥氏体不锈钢和珠光体耐热钢焊接时，焊缝成分和组织取决于(　　)。

A. 焊接电流　　　　B. 焊接电压　　　　C. 熔合比　　　　D. 熔敷效率

121. 气割机可分为移动式气割机、(　　)、专门气割机三大类。

A. 转动式气割机　　　　　　　　B. 旋转式气割机

C. 固定式气割机　　　　　　　　D. 翻转式气割机

122. 常见的仿形气割机有摇臂式和(　　)两种。

A. 移动式　　B. 固定式　　C. 窗式　　D. 门式

123. B 仿形气割机的割炬是(　　)移动，切割出所需形状的工件的。

A. 沿着轨道　　B. 根据图样

C. 按照给定的程序　　D. 随着磁头沿一定形状的靠模

124. 半自动割炬也可以切割圆，切割小圆时，切割直径为(　　) mm。

A. ϕ10～ϕ120　　B. ϕ20～ϕ120　　C. ϕ30～ϕ120　　D. ϕ40～ϕ120

125. 普通半自动气割机的切割厚度为(　　) mm。

A. 6～150　　B. 5～150　　C. 4～150　　D. 3～150

126. 半自动 H 型钢气割机的切割厚度为(　　)mm，腹板宽最大 600 mm，盖板宽最大 400 mm。

A. 3～30　　B. 5～30　　C. 3～32　　D. 5～32

127. CG1-30 型半自动气割机是一种(　　)半自动气割机。

A. 小车式　　B. 大车式　　C. 遥控式　　D. 自动式

128. CG1-30 型半自动气割机是一种小车式半自动气割机，他能切割板厚为 5～60 mm 的直线和直径为 200～2000 mm 的圆周割件，气割速度为(　　) mm/min（无级调速）。

A. 50～250　　B. 50～500　　C. 50～750　　D. 50～1000

129. 气割机的使用、维护保养和检修必须由(　　)负责。

A. 气割工　　B. 专人　　C. 焊工　　D. 电工

130. 气割机的减速箱，一般半年加(　　)次润滑油。

A. 1　　B. 2　　C. 3　　D. 4

131. 在立式锅炉中，被称为炉顶的是(　　)。

A. 封头　　B. 炉胆　　C. 炉胆顶　　D. 联箱

132. 工作压力为(　　)MPa 的压力容器，属于中压容器。

A. <1. 6　　B. 1. 6～100　　C. 100 以上　　D. 200 以上

133. 容器的(　　)是指容器的使用年限。

A. 耐久性　　B. 使用性　　C. 密封性　　D. 韧性

134. 在压力容器中，接头的主要形式有(　　)、对接接头和搭接接头。

A. 对接接头　　B. 角接接头　　C. 搭接接头　　D. T 型接头

135. 压力容器的各种接头，按其受力条件及所处的位置大致可分为(　　)类。

A. 二　　B. 四　　C. 六　　D. 八

136. 压力容器广泛采用的材料是碳素钢，低合金高强度钢、(　　)以及有色金属及其合金等。

A. 结构钢　　B. 奥氏体不锈钢　　C. 铬钼钢　　D. 铸铁

137. 16MnR 中的 R 表示(　　)。

A. 低温用钢　　B. 锅炉用钢　　C. 压力容器用钢　　D. 钢瓶用钢

138. 根据《钢制压力容器焊接工艺评定》JB4708-92 的规定，管板角焊缝试样应将试件等分切取(　　)试样。

A. 3 个　　B. 4 个　　C. 5 个　　D. 6 个

139. 根据《钢制压力容器焊接工艺评定》JB4708-92 的规定，当焊件预热温度下限比评定合格值降低 40℃时，(　　)焊接工艺。

A. 需要重新评定　　B. 不需要重新评定

C. 合金钢时需要重新评定　　D. 碳素钢时需要重新评定

140. 根据《钢制压力容器焊接工艺评定》JB4708-92 的规定，为了测定组合焊缝接头的力学性能，(　　)可采用组合焊缝加试件。

A. 角焊缝　　B. 对接焊缝　　C. 端接焊缝　　D. 塞焊缝

141. 压力容器的组焊不宜采用(　　)焊缝。

A. 对接　　B. T 字　　C. 角接　　D. 十字

142. 临时吊耳割除后，留下的焊疤(　　)打磨平滑，并按规定进行渗透检测或磁粉检测，确保无缺陷。

A. 不必　　B. 必须　　C. 无所谓　　D. 以上说法都对

143. 根据《锅炉压力容器焊工考试规则》的规定，埋弧焊板状试件焊缝比坡口每侧增宽应为(　　)。

A. 1～2 mm　　B. 2～3 mm　　C. 3～4 mm　　D. 2～4 mm

144. 工作时承受弯曲的杆件叫(　　)。

A. 柱　　B. 肋板　　C. 梁　　D. 腹板

145. 由于铝的熔点低，高温强度低，而且熔化时没有显著的颜色变化，因此焊接时容易产生(　　)。

A. 裂纹　　B. 咬边　　C. 气孔　　D. 塌陷

146. 铝及其合金焊接时，焊前严格清理焊件和焊丝表面的氧化膜，是防止(　　)的有效措施。

A. 裂纹　　B. 咬边　　C. 夹渣　　D. 气孔

147. 铜及其合金的导热系数比普通碳钢大 7～10 倍，热影响区宽，所以容易产生(　　)。

A. 夹渣　　B. 气孔　　C. 裂纹　　D. 咬边

148. 压力容器焊接时冷裂纹产生的原因，是由于钢的(　　)、焊接接头受到的拘束应力和扩散氢的存在等三方面因素。

A. 含碳量　　B. 含磷量　　C. 淬硬倾向　　D. 含硫量

149. 压力容器焊接时，(　　)不是影响焊接接头性能的因素。

A. 焊后热处理　　B. 焊接工艺方法　　C. 焊接工艺参数　　D. 焊接位置

150. 梁与梁相连接时为了使焊缝避开(　　)，使焊缝不过密，焊缝应相互错开 200 mm 的距离。

A. 过热区　　B. 应力集中区　　C. 熔合区　　D. 变形区

151. 十字形钢柱是由三块钢板拼焊而成的，共有 4 道焊缝，如图 1 2 4 3 所示，其正确的焊接顺序为(　　)。

A. 1→2→3→4　　B. 1→3→2→4　　C. 1→4→3→2　　D. 1→3→4→2

152. 焊接梁和柱时，除防止产生焊接缺陷外，防止(　　)是焊接梁和柱时最关键的问题。

A. 焊接应力过大　　B. 疲劳强度降低　　C. 焊接变形　　D. 晶间腐蚀

153. 水压试验时，当压力达到试验压力后，要恒压一定时间，根据(　　)，一般为 5～30 min，观察是否有落压现象。

A. 压力容器材料　　B. 内部介质性质　　C. 不同技术要求　　D. 现场环境温度

154. (　　)时，加压前要彻底排除空气，否则试验中压力不稳定。

A. 气密性试验　　B. 探伤试验　　C. 水压试验　　D. 渗透试验

155. 水压试验用的水温，低碳钢和 16MnR 钢不低于(　　)。

A. －5℃　　B. 5℃　　C. 10℃　　D. 15℃

156. 按 GBl50《钢制压力容器》标准规定，对于钢制和有色金属压力容器，水压试验压力为容器工作压力的(　　)。

A. 2 倍　　B. 1.8 倍　　C. 1.5 倍　　D. 1.25 倍

157. 荧光探伤是用来发现各种材料焊接接头的(　　)缺陷的。

A. 内部　　B. 表面　　C. 深度　　D. 热影响区

158. (　　)包括荧光探伤和着色探伤两种方法。

A. 超声波探伤　　B. X 射线探伤　　C. 磁力探伤　　D. 渗透探伤

159 荧光试验常用的显像剂是(　　)。

A. 氧化铝　　B. 氧化锌　　C. 氧化镁　　D. 氧化铁

160. (　　)利用某些渗透性很强的有色油液，利用毛细管现象渗入到工件的表面缺陷中。

A. 超声波探伤　　B. 磁粉探伤　　C. X 射线探伤　　D. 着色探伤

二、判断题

161. (　　)职业道德的内容包括职业道德意识、职业道德守则、职业道德行为规范、职业道德培养和职业道德品质等。

162. (　　)自觉遵守职业道德有利于推动社会主义物质文明和精神文明建设。

163. (　　)工作过程中可以偷懒，严以律己，吃苦耐劳。

164. (　　)要刻苦学习，钻研业务，重视岗位技能的训练，努力提高思想和科学文化素质。

165. (　　)投影线从投影点发出，投影线相互平行，用这种方法进行投影叫中心投影。

166. (　　)在视图中，外轮廓线通常用粗实线表示。

167.（　　）体心立方晶格的间隙中能容纳的杂质原子或溶质原子往往比面心立方晶格要多。

168.（　　）铁碳合金相图上的共析线是 PSK。

169.（　　）在串联电路中，电压的分配与电阻成正比，即阻值越大的电阻所分配到的电压越大，反之电压越小。

170.（　　）常用的化学元素有碳、铁、硫、磷、钙、镁等。

171.（　　）矫正只可以是手工矫正。

172.（　　）焊工应穿浅色的工作服，因为浅色不容易吸收弧光。

173.（　　）焊接场地应符合安全要求，否则会造成火灾、爆炸、触电等事故的发生。

174. BAA003C34（　　）夹紧工具是用来扩大或撑紧装配件用的一种工具。

175. BAB005C35（　　）铜及铜合金焊条的型号是根据熔敷金属的化学成分来编制的。

176.（　　）异种金属焊接比同种金属焊接简单得多。

177.（　　）埋弧焊调试内容包括电源、控制系统和小车三部分。

178.（　　）埋弧焊机的调试包括电源和控制系统两大组成部分的性能、参数测试和焊接试验。

179.（　　）焊接接头拉伸试验的目的是测定焊缝的抗拉强度。

180.（　　）压力容器产品的试板板厚 $\delta \leqslant 30$ mm 时，其拉伸试样应采用全厚度试样。

181.（　　）焊接接头纵弯试样，如果接头厚度超过 20 mm，可在试样受压面的一侧加工至 20 mm。

182.（　　）利用冲击试验可以测定材料的脆性转变温度。

183.（　　）球墨铸铁中的碳以团絮状石墨的形式存在，因此强度和塑性都较好。

184.（　　）铸铁含碳量很高，在焊接过程中，碳被氧化生成大量的 CO 气体，熔池在冷却结晶时气体来不及逸出，便在焊缝金属中形成 CO 气孔。

185.（　　）采用钎焊焊接铸铁时，因母材不熔化，故也有可能造成白口组织。

186.（　　）焊补铸铁时，焊缝中渗碳体越多，出现裂纹数量越多。

187.（　　）纯铝具有良好的导电性，仅次于银、铜、金。

188.（　　）铝及铝合金工件和焊丝经过清理后，在存放过程中会重新产生氧化膜，因此清理后存放时间越短越好。

189.（　　）铜及铜合金焊接接头形式的设计和选择与钢相同。

190.（　　）气孔是钛及钛合金焊接时最常见的焊接缺陷。

191.（　　）在奥氏体钢和珠光体钢的焊接接头中，靠近熔合区的珠光体母材一侧易形成增碳层而硬化。

192.（　　）12CrlMoV 钢和 20 钢焊条电弧焊时，可以选用 E5015 焊条。

193.（　　）气割机的种类、型号很多，应用范围也不一样，大致可以分为摇臂式、移动式和转动式三种。

194.（　　）气割机切割场地必须备有检验合格的消防器材。

195.（　　）锅炉结构中的下降管一般布置在炉外，不受热。

196.（　　）中低压容器由于壁厚较薄，因此多为整体式筒体。

197.（　　）铝和铝合金板厚超过 10 mm 的焊件焊接时，采取预热措施的目的是为了防止冷裂纹。

198.（　　）为了分析结构失效的原因，应将破裂断口很好地保存。

199.（　　）水压试验的试验压力和容器的壁温无关。

200.（　　）荧光试验时，通常在能够发出紫外线光的水银石英灯管下面放一块绿玻璃，用以滤掉可紫外线，以利于在暗室内观察缺陷。

三、参考答案

1	2	3	4	5	6	7	8	9	10	11	12	13	14	15	16	17	18	19	20
D	B	A	C	A	C	B	B	D	C	D	C	A	C	D	B	B	B	A	A
21	22	23	24	25	26	27	28	29	30	31	32	33	34	35	36	37	38	39	40
B	C	A	C	B	A	A	C	A	B	C	B	C	A	B	A	B	A	C	B
41	42	43	44	45	46	47	48	49	50	51	52	53	54	55	56	57	58	59	60
C	C	C	B	B	B	D	C	C	B	B	B	C	C	A	B	B	B	B	A
61	62	63	64	65	66	67	68	69	70	71	72	73	74	75	76	77	78	79	80
C	A	B	B	B	B	C	B	C	A	A	C	B	B	C	B	B	C	C	C
81	82	83	84	85	86	87	88	89	90	91	92	93	94	95	96	97	98	99	100
D	D	A	B	A	D	B	B	A	A	A	B	C	B	B	C	A	C	C	D
101	102	103	104	105	106	107	108	109	110	111	112	113	114	115	116	117	118	119	120
C	D	A	A	D	A	C	A	A	C	B	A	D	C	C	B	D	C	C	C
121	122	123	124	125	126	127	128	129	130	131	132	133	134	135	136	137	138	139	140
C	D	C	C	D	D	A	C	B	A	A	B	A	B	B	B	C	B	B	B
141	142	143	144	145	146	147	148	149	150	151	152	153	154	155	156	157	158	159	160
D	B	D	C	D	C	C	C	C	B	B	C	C	C	B	D	B	D	C	D
161	162	163	164	165	166	167	168	169	170	171	172	173	174	175	176	177	178	179	180
√	√	×	√	×	√	×	√	√	√	×	√	√	×	√	×	√	×	×	√
181	182	183	184	185	186	187	188	189	190	191	192	193	194	195	196	197	198	199	200
√	√	×	√	×	√	√	√	×	√	×	√	×	√	√	×	×	√	×	√